進化する情報社会

児玉晴男・小牧省三

（改訂版）進化する情報社会（'15）

装丁・ブックデザイン：畑中　猛

n-13

まえがき

『進化する情報社会』は，情報通信技術（ICT）または情報技術（IT）の進歩が，経済経営，産業，科学研究，政策，地方自治，生活，コミュニケーション，法律，国際関係などにもたらしている変化を知り，持続可能な情報社会について展望する講義内容である。本講義は，『進化する情報社会（'11)』の一部改訂であり，基本的な内容の構成は同じであるが，改訂にあたって三つの対応をとっている。第一は『進化する情報社会（'11)』の内容をほぼそのままとし，第二は加筆・修正によるもの，第三は新規または全面的な改訂になる。

第一の対応は，第1～3章，第8章，第9章，第13～15章である。それら各章は，歴史的な経緯や年月が経過しても変わることのない事項を含むことから，必要最小限の修正にとどめている。

第二の対応は，第6章，第7章，第11章になる。それら各章は，その後の変遷や最新の情報の加筆・修正によるものである。

第三の対応は，第4章と第5章，第10章，第12章である。第4章「情報通信と経済成長」と第5章「情報通信と地域再生」は，政策に関するものであり，また執筆者の変更により，全面的な改訂になる。第10章「情報社会のプラットフォーム」は，新たに追加したものであり，情報社会において多様な主体が結合するための共通の基盤を取り上げる。第12章は，テーマは同じであるが，携帯電話から急速に普及するスマートフォンへ移行した状況を踏まえて全面的な改訂になる。

『進化する情報社会』は，オムニバスになっている。一つのシナリオで，情報社会の進展を解説するほうが，理解しやすいかもしれない。しかし，情報化の進展と社会が多様な分野に関わることから，多面的な見方ができる。たとえばセキュリティやプライバシーについては，第8章，第9章，第12章などで取り上げている。それを一つに統一しなかったのは，それぞれの記述が各章の趣旨から必要と判断したことによる。したがって，本講義の目的は，放送教材とともにロールプレイングゲームのように学習し，情報化の進展と社会との関わりに対してインターディシプリナリー（学際的）な理解とともに，そこから新たな知見を見いだしてもらうことにある。

2014年10月
児玉　晴男
小牧　省三

目次

1　情報通信技術（ICT）と社会

児玉晴男

《学習の目標》 コンピュータの進展，ハードウェア・ソフトウェアの進展，ネットワークの進展について，それぞれ情報通信技術と社会制度（政策，法制度）の背景との相互の関わりから概観する。わが国と欧米および東アジアの中の日本という2つの観点から，情報通信技術と社会について考える。
《キーワード》 技術情報，コンピュータアーキテクチャ，半導体集積回路，プログラミング言語，コンピュータネットワーク

1．はじめに

「情報」は，敵の「情状の報知」という意味を持つ“renseignement”の訳語であり，その情報がinformationの英語訳として定着するうえで，情報理論の導入が契機になっているという[1]。また，情報という概念は，DNA（Deoxyribonucleic Acid；デオキシリボ核酸）の発見によって，物質・エネルギーと同列に，客観的対象として自然の中に存在すると認識されたという[2]。そのような経緯を持つ「情報」という和製漢語は，中国では「信息」とも表記される。

情報は，その意味を考慮すると，いろいろな理解が可能になる。同様に，情報技術（IT：Information Technology）または情報通信技術（ICT：Information and Communication Technology）も，その技術開発に伴う経緯からいえば，教科書で学んだ内容とは異なる面を見せることがある。本章は，情報通信技術のコンピュータ，ハードウェア・ソフトウェア，情報ネットワークのそれぞれの発展の経緯を社会制度（政

1）小野厚夫「45周年記念特別寄稿：情報という言葉を尋ねて(1)」，『情報処理』Vol. 46，No. 4，pp. 347-351，情報処理学会，2005年
2）竹内 啓『科学技術・地球システム・人間』p. 3，岩波書店，2001年

策，法制度）の背景との関わりから鳥瞰する。

2. コンピュータの進展

コンピュータの研究開発の歴史的な経緯は，社会制度との関係から概観すると，コンピュータの研究開発に対していくつかの評価を与えることになる。

（1）機械式アナログコンピュータ

機械式計算機の起源は，算盤になろう。算盤は，バビロニア起源説と中国起源説がある。その後，17 世紀にイギリスで計算尺が作られる。機械式計算機としては，17 世紀，ブレース・パスカルの加算機（Pascaline）になる。1672 年に，ゴットフリート・ライプニッツは，加減算だけでなく，乗除算も可能な Stepped Reckoner と呼ばれる機械式計算機を発明した。

そして，1786 年，階差機関（difference engine）が J・H・ミューラーによって考案されるが，その原理はアイザック・ニュートンの微積分法である。その後，1822 年に，階差機関は，チャールズ・バベッジによって再発見（再発明）される。階差機関は，歯車の回転を用いて自動的に計算する機械である。巨額の投資が必要であったが，政府の予算打ち切りにより，1862 年の万国博覧会で未完成のまま発表された。なお，1991 年に，バベッジの設計に基づいて階差機関が組み立てられた[3)]。

機械式汎用コンピュータは，バベッジによる解析機関（analytical engine）から始まる。解析機関は，データ保存部（storage），演算部（mill）により条件分岐が可能となり，四則演算が可能である。そして，機械式アナログコンピュータである微分解析機が 1876 年，ケルヴィン卿（ウィリアム・トムソン）の兄ジェームズ・トムソンによって発明される。微分解析機の実用版は，H・W・ニーマンとバネバー・ブッシュに

3）Difference Engine No.2（http://www.wired.com/gadgetlab/2008/05/exclusive-video/）

よって，1927年からマサチューセッツ工科大学（MIT）において製作されることになる。

（２）電子式デジタルコンピュータ

第二次世界大戦中に，アメリカで，ENIAC[4]が開発される。ENIACは，世界最初のコンピュータといわれた。しかし，1967年に，ハネウェルは，スペリー・ランドとの特許に関する侵害事件について法廷で争うことになる。その結果，1973年10月19日，ABC[5]がENIACの先に存在していたことを理由に，ENIACの特許は無効とされた（図１ - 1）。

ENIACの後継機としてEDVAC[6]が開発される。EDVACは，計算方

名称	ABC	ENIAC
	Iowa State University Special Collections Department (http://www.scl.ameslab.gov/ABC.html)	U.S. Army Photo (http://www.unisys.co.jp/ENIAC/eniac05.html)
研究開発者	アイオア州立大学 J・V・アタナソフ， クリフォード・E・ベリー	ペンシルベニア大学ムーア校 ジョン・W・モークリー， J・プレスパー・エッカート・Jr
演算素子	真空管	真空管
記憶装置	コンデンサドラム	フリップフロップ回路を基本単位
プログラム	ハードウェア	ハードウェア

図１－１　ABCとENIACとの対比

4）Electronic Numerical Integrator And Computerの略。
5）Atanasoff-Berry Computerの略。
6）Electronic Discrete Variable Automatic Computerの略。

法を指示する演算プログラム自体を記憶装置へ入力し，可変プログラム内蔵型の計算機である。この理論的な背景には，ジョージ・ブールが論理学を２つの値だけを用いて代数学的に処理するブール代数があり，クロード・シャノンがブール代数の公理系を電子回路で表現可能にし，アラン・チューリングが計算の一般的なモデル「チューリング機械」を考案したことによっている。

ジョン・フォン・ノイマンは，EDVAC 開発に参加した際，プログラム内蔵方式に関する論文を発表した。そのため，プログラム内蔵方式は「ノイマン型コンピュータ」といわれ，現在のほとんどのコンピュータの動作原理となっている。しかし，実際には EDVAC 開発チームのジョン・エッカートとジョン・モークリーが発想した方式をまとめ，数学的基礎を与えたといわれている。また，1949 年，モーリス・ウィルクスは，ノイマンらの報告書を参考に，プログラム可変内蔵方式のコンピュータの EDSAC[7] を完成する。もしノイマン型の方式をコンピュータというのならば，最初のコンピュータは EDSAC と称されてもよいことになる。

なお，1943 年，イギリスでドイツの暗号作成機に対抗する電子式暗号解読機（COLOSSUS）が開発されている。真空管を使用した電子式計算機であり，データ入力は紙テープ，出力は電動タイプライター，プログラムは配線やキーで決定し条件分岐論理を装備している。

1930 年代から，コンピュータ開発が各地で独立して進められる。それは，第二次世界大戦が影響している。その技術開発の歴史の中で，コンピュータの先駆者を特定することは困難である。それは，コンピュータの研究開発が軍事技術として一般に知らされることなく進められたことも影響している。そして，1950 年以降は，高速化，小型化，ハードウェア，ソフトウェアの開発が行われるが，コンピュータの基本構造は

7）Electronic Delay Storage Automatic Calculator の略。

ノイマン型といえる。

しかし，その限界も指摘され，非ノイマン型コンピュータが研究されている。たとえば，バイオコンピュータやDNAコンピュータといった非ノイマン型コンピュータの研究も行われている。さらに，通常のコンピュータが演算に利用している「ビット」を量子力学的な「重ね合わせ」の状態を持つ「量子ビット」で置き換えた量子コンピュータの研究開発がなされている。

3．ハードウェア・ソフトウェアの進展

真空管が第1世代コンピュータ（ENIAC，EDSAC），トランジスタが第2世代コンピュータ（IBM7070など），1965年ごろから集積回路（Integrated Circuit：IC）が第3世代コンピュータ（IBM360，IBM370），大規模集積回路（Large Scale IC：LSI）が第4世代コンピュータ（AppleⅡ，IBM-PC，NEC PC-98）に対応する。そして，わが国において，次世代が第4世代といわれた1982年，第5世代コンピュータを開発目標とする国家プロジェクトが通商産業省（現在，経済産業省）によって立ち上げられた。しかし，そのプロジェクトは，世界的に注目されるが，1992年に開発の目的が未達成のまま終結した。したがって，第5世代コンピュータは，実用段階には至っていない。

（1）ハードウェアの進展

ICの開発は，1959年，フェアチャイルドのロバート・ノイスによりなされる。シリコン板の上に多数のトランジスタが作製される。テキサス・インスツルメンツのジャック・キルビーも，独自にICを開発する。そのキルビー特許は，半導体集積回路の基礎技術という面を持つが，わが国では，特許制度の違いから生じる，いわゆるサブマリン特許と呼ば

れるものとなる。その後，ノイスは，インテルを設立することになる。

(1)大型コンピュータ（メインフレーム）

世界初のメインフレームは，1951 年の UNIVAC I とされる。1964 年，中央演算処理装置（CPU）に IC を採用した IBM System/360 が発売され，メインフレームの主流となる。オペレーティングシステム（Operating System : OS），マルチタスク，仮想記憶，仮想機械，キャッシュメモリ，分岐予測，ハードディスク，フロッピーディスク，データベース，オンラインシステムなどの技術は，メインフレームを契機としている。

わが国のメインフレームの開発は，1970 年代からアメリカの企業との技術提携によりなされ，1980 年代には IBM 対抗機の開発を行うが，IBM が発表した 3081-K（System/370-XA）の技術情報をめぐり，1982 年に IBM 産業スパイ事件が生じることになる。1990 年代になると，ダウンサイジングが発生し，オープンシステムが指向される。メインフレームの開発は，IBM，富士通，日立製作所，日本電気，Bull，ユニシス（1951 年に設立されたエッカート・モークリー社に由来する）が行っている。

その後の大型コンピュータの技術競争は，国の政策として，スーパーコンピュータ（スパコン）で繰り広げられているといえる。スーパーコンピュータは，アメリカではクレイ，IBM，SGI，Sun が開発し，わが国では，富士通，日立製作所，日本電気が開発を進めている。わが国では，理化学研究所が開発の主体として，毎秒 1 京（けい）（1 兆の 1 万倍）回の演算速度の達成を目指す次世代スーパーコンピュータシステム「京」がある。だが，演算速度の競争では，東アジアの追い上げがある。

(2)ミニコンピュータ（ミニコン）

DEC は，1961 年に PDP-1 を開発し，1965 年に PDP-8，PDP-8 の後継機として PDP-11，1978 年に 32 ビットコンピュータ VAX を開発する。それらは，科学・技術マーケットを対象とし，大学・研究所などで利用される。わが国のミニコンは，主に通信制御やプラント制御用として用いられる。ミニコンは，1980年代後半から1990年代にパソコンへ変化していくことになるが，コンピュータのオープンシステム化やダウンサイジング化に影響を与えた。

(3)パーソナルコンピュータ（パソコン）

パソコンは，マイクロコンピュータ（マイコン）とも呼ばれた。1975年，MITSは，アルテアに8080を搭載し，スイッチと発光ダイオードを使用し，スイッチから機械語（machine language）を入力する。ビル・ゲイツとポール・アレンは，アルテアで動くプログラミング言語（BASIC）を開発し，ソフトウェア産業の草分けとなる販売会社のマイクロソフトを設立する。

アップルの「AppleⅡ」，コモドールの「PET-2001」，タンディラジオシャックの「TRS-80」が発売される。わが国も，1970年代から1980年代に，日本電気，シャープ，富士通がパソコンの３強となっている。

IBMは，1981年にパソコン市場に参入したが，2004年12月に中国の聯想集団有限公司（レノボ）へのパソコン事業の承継を発表し，2008年以降はパソコンにIBMのロゴも使用されなくなる。パソコンメーカーとしては，アメリカにはアップル，HP，デル，わが国では日本電気，富士通，東芝，ソニー，日立製作所，パナソニック，シャープ，三菱電機などがあり，中国，台湾，韓国にパソコンメーカーが誕生している。

（２）ソフトウェアの進展

プログラミング言語は，２進数の機械語による。命令，データは，数字や文字で対応させる。アセンブリ言語は，機械の作業をすべて指定させる。したがって，機械の仕組みを知らなければ，プログラミングはできないことになる。

(1) プログラミング言語

コンピュータは，機械語によって中央演算処理装置（Central Processing Unit：CPU）を起動させることができる。アセンブリ言語は，コンピュータを動作させるための機械語を人間にわかりやすい形で記述するものであり，低水準言語と呼ばれる。そして，1952年，レミントン・ランドのグレース・ホッパーは，人間の言語に近いプログラミング言語A0を開発した。A0は，機械語に翻訳するもので，世界初の高水準言語と呼ばれるものである。その後，FORTRAN[8]が，1954年に，IBMのジョン・バッカスによって開発された。そして，1960年代半ばに，PL/I[9]がIBMによって開発される。その当時，FORTRANとCOBOL[10]が2つの主力言語であり，FORTRANが技術計算，COBOLが事務計算で使用されていた。PL/Iは，その両者に使える言語として開発されることになる。

そのほか，教育用言語としては，BASIC[11]，Pascalがある。BASICは，1964年に，アメリカのダートマス大学のジョン・ジョージ・ケメニーと，トーマス・E・カーツによって開発される。Pascalは，1971年に，スイス連邦工科大学のニクラウス・ヴィルトが開発している。人工知能言語としては，第5世代コンピュータで使用されたProlog[12]，Lisp[13]がある。オブジェクト指向言語として，1972年にゼロックスで開発されたSmalltalkがあり，それはアラン・ケイのダイナブック思想の一環をなすものである。

1980年代の後半に，C言語がUNIXマシンとともに普及する。その経緯は，1973年に，AT&Tベル研究所のケン・トンプソンとUNIXの開発を行っていたデニス・リッチーがBを改良し，実行可能な機械語

8）FORmula TRANslationの略。
9）Programming Language Oneの略。
10）COmmon Business Oriented Languageの略。
11）Beginner's All purpose Symbolic Instruction Codeの略。
12）PROgramming in LOGicの略。
13）LISt Processingの略。

を直接生成するCコンパイラを開発したことによる。1980年代にPerlやアメリカ国防総省が主導して史上初のプログラマとされるエイダ・ラブレスの名前にちなんで命名されたAda，そして1990年代にオブジェクト指向言語Javaなどが開発される。

それら高水準言語は，インタプリタ型言語とコンパイラ型言語に大別できる。インタプリタ型言語とは，プログラミング言語で記述した形式（ソースコード）を機械語の形式（オブジェクトコード）へ逐次翻訳しながらプログラムを実行していくプログラミング言語のことをいう（たとえば，BASIC，Perl）。コンパイラ型言語とは，プログラムを一括してコンパイルする前にソースコードをオブジェクトコードに翻訳しておいて実行するプログラミング言語をいう（たとえば，FORTRAN，Pascal，C）。

ところで，情報処理技術者試験にはCOBOLは残っているが，FORTRANは姿を消している。FORTRANは，大学の文系と理系を問わず，プログラミングの入門教育の対象とされたことがある。このように，プログラミング言語は，情報社会の中で，多様性を見せて淘汰（とうた）されている。そして，淘汰されたプログラミング言語の機能である数値計算，業務処理，オブジェクト指向などの性質を持つプログラミング言語が変異して新しく生まれているといえよう。

(2) オペレーティングシステム

オペレーティングシステム（OS）は，コンピュータのハードウェアとアプリケーションソフトや周辺機器を利用する基盤となるソフトウェアをいう。このOSは，1955年，ノースアメリカンで，FORTRANの実行管理（バッチ処理）をするものとして開発される。そして，「タイムシェアリングシステム」がMITで開発され，IBMで1960年代からOSの開発がなされ，IBM360に搭載される。

UNIXは，1969から1974年にかけて，AT&Tベル研究所のケン・トンプソンとデニス・リッチーがDEC PDP-7上で開発し，その後，PDP-11/45で利用している。UNIXは，リッチーの開発したC言語を使用して開発され，コンパクトなネットワークOSとしてインターネットの基本技術の出発点になる。UNIXは，ベル研究所によりわずかなライセンス料で大学や研究所に提供されており，1974年ごろからアカデミックな世界で受け入れられることになる。

そして，バークレー（BSD），サンマイクロシステムズ，ゼロックスなどで改良が進められる。計数を把握することはできないが，フリーソフトウェアにFreeBSD，Solaris，Linuxがあり，非フリーソフトウェアにMac OS Xがある。ただし，それらには派生版があり，フリーソフトウェアか否かを明確に区分けできない状況にある。

UNIXは，インターネット用サーバーOSとして使用される。なお，OSのソースコードは有料で，非公開である。UNIX互換のソフトウェア環境をすべてフリーソフトウェアで実装するプロジェクトのGNU（GNU's Not UNIX）がある。MIT人工知能研究所のリチャード・ストールマンは，1984年，GNU運動を始める。それは，ソフトウェアを複製する自由，使用する自由，ソースプログラムを読む自由，変更する自由，再配布する自由を掲げるものである。その理念に沿うOSにLinuxがある。Linuxの使用にあたっては，ソースコードの入手，複製などの権利がGPL（GNU General Public License）により使用者に認められる。

パソコン用OSとしては，CP/M[14]，MS-DOS[15]がある。また，1984年に，坂村健が提唱したTRON[16]プロジェクトで国産OSを目指すが，それは組み込み型コンピュータのオープンソースOSとなっている。

ところで，OSの進展に関連して，アップルとマイクロソフトのグラフィカルユーザーインターフェース（Graphical User Interface：GUI）に関する著作権侵害訴訟がある。1985年にアップルは，マイクロソフ

14）Control Program for Microcomputerの略。
15）Microsoft Disk Operating Systemの略。
16）The Real-time Operating system Nucleusの略。

1973年	ゼロックス社パロアルト研究所で「Xerox Alto」を開発 ⇨ GUI（アイコン，マウスでコマンド操作）	
1979年	ゼロックス社を訪問（スティーブ・ジョブス，ビル・ゲイツ）	
1981年	ゼロックス社は Alto の類似システム「Xerox Star」を発売	
1983年	*アップル社「Lisa」*	
1984年	*アップル社「Macintosh」*	*System 1～4（1984－1988）*
1985年	Windows 1.0 → 実用性なし	*System 6系列（1989－1991）*
1992年	Windows 3.1 → 成功	*System 7系列（1991－1997）*
1995年	Windows 95	*Mac OS 8（1997－1999）*
1998年	Windows 98	*Mac OS 9（1999－2001）*
2000年	Windows 2000, Windows Me	
2001年	Windows XP	*Mac OS X*（BSD UNIX ベース）
2007年	Windows Vista	*OS X*
2009年	Windows 7	
2012年	Windows 8（2013年　Windows 8.1）	

図１－２　マイクロソフトとアップルの OS に関するアップグレード版の対応関係

トの Windows 1.0（本件で問題とされている Windows 2.03，Windows 3.0 はアップグレード版）に対してライセンス契約をしている。ここでの問題は，アップグレード版にどのようにライセンス契約が関与しうるかにある。なお，GUI の起源は，1973 年，ゼロックスのパロアルト研究所の Xerox Alto の開発にさかのぼる（図１‐2）。

4．情報ネットワークの進展

コンピュータの進展の中で登場するバネバー・ブッシュは，メメックス（memex）というパソコンやコンピュータのユーザーインターフェース，ウェブブラウザなどで広く利用されているハイパーテキストの概念に大きな影響を与えている[17]。その論文に影響を受けたテッド・ネルソンは，1963年にハイパーテキストを提唱し，ザナドゥ計画で未来における知性の革命，知識と自由に関して言及する[18]。それらは，インターネットという情報ネットワークの進展を前提とした電子書籍と電子図書館に関する概念を与えることになる。

(1) インターネットの起源と進展

分散型ネットワークは，1960年代初頭に，核戦争への対応として，アメリカ空軍のシンクタンクであるランド研究所のポール・バランによって提案される。それは，信号が自動的に迂回路（うかいろ）を探して目的地へ達するもので，アナログ信号が迂回路で遠回りすると信号が劣化することから，デジタル方式を採用している。

そして，1972年，インターネットの原型といえるARPANET[19]がコンピュータの相互接続ネットとして注目された。ARPANETは，異なるコンピュータの接続を可能にするが，ネットワーク上のサイトが不明であり，通信料金の問題もあり，新規ユーザーには使いにくい点があった。しかし，ARPANETは，電子メールで急成長することになる。

インターネットの普及は，ジュネーブの欧州核研究センター（CERN）の技術者ティム・バーナース・リーがWWW（World Wide Web）を開発したことで，利便性が増したことによっている。イリノイ大学の大学院生マーク・アンドリーセンは，Mosaicを開発する。その後，アンドリーセンは，ネットスケープを設立して，Mosaicから Netscape Navigatorへ展開した。しかし，Netscape Navigatorは，マイクロソフトのIn-

17) Vannevar Bush (July 1945), "As We May Think", *The Atlantic Monthly*.
18) Theodor Holm Nelson Literary Machines (©1980, 1981, 1982, 1983, 1987, 1990, 1991, 1992).
19) Advanced Research Projects Agency NETwork の略。

ternet Explorer に席巻される。なお，この優位性は，マイクロソフトの競争法（独占禁止法）の問題につながっている。しかし，その後，Safari，Google Chrome などが台頭して，Internet Explorer 独占の構図は変化している。その変化は，情報機器端末における Android のオープンソースでの提供が契機となっていよう。また，中国が開発した百度（バイドゥ）は，利用者数の点でも存在感がある。

（2）情報通信基盤の進展

情報通信基盤に関しては，国の政策として，次のような経緯がある。日本電信電話公社（現在，NTT）の INS（Information Network System）は，わが国の情報化の政策の一環として計画されたニューメディアであり，電話，電信，ファクシミリ，データ通信など個々のメディアに分かれていた情報ネットワークを，光ケーブルを中心に統一し，デジタル伝送網を作るという構想である。

その影響を受けて，アメリカがすべてのコンピュータを光ケーブルなどによる高速通信回線で結ぶという「情報スーパーハイウェイ」構想を立案することになる。1993 年に，クリントン政権が発足すると，全米情報基盤（National Information Infrastructure : NII）構想がスタートし，NII は全国的な情報基盤の整備に向けられることになる。全米情報基盤は「1991 年ハイパフォーマンスコンピュータと通信法」[20]によっており，クリントン政権におけるアル・ゴア副大統領が NII を主導した。その流れは，「著作権に関する世界知的所有権機関条約」[21]と「デジタル・ミレニアム著作権法」[22]の立法化につながっていよう。

そして，わが国においても，新社会資本整備の重要性が叫ばれ，日本版「情報ハイウェイ」構想が各官庁で検討されていた。さらに，その情報政策の流れは，地球的規模の情報基盤（Global Information Infrastruc-

20）High Performance Computing and Communication Act of 1991（HPCA）
21）World Intellectual Property Organization Copyright Treaty（WCT）
22）Digital Millennium Copyright Act（DMCA）

ture : GII）へと方向づけされた。地球規模情報基盤は，ゴア副大統領が提唱した構想であり，日・米・欧で進む次世代通信網の整備を機器やシステムの規格統一などにより協調させようとするものである。

しかし，そのような国の政策としての情報通信基盤の構想は，民間を中心に整備されたインターネットの普及によって代替されてしまう。すなわち，インターネットは，デジュアリ標準（de jure standard）ではなく，デファクト標準（de facto standard）の地球規模情報基盤といえる。それは，公的な標準として計画されたものが，事実上の標準により代替される一つのモデルケースになる。

5. おわりに

コンピュータの進展の傾向性（propensity）は，アナログ型からデジタル型，そしてアナログ型へ循環している。ここで，アナログ（analog）は連続，デジタル（digital，ディジタルとも表記）は離散になる。それらの語源は，アナログがギリシャ語の計算・比例に関係があり，デジタルがラテン語の指を意味し，数を数えるのに指を使うところからきている。ハードウェアとソフトウェアの進展の傾向性は，それらの一体化または分離，そして一体化が指向されている。情報ネットワークの進展の傾向性は，分散化，集中化，そして分散化をたどることになろう。そのような進展のスパイラルな循環の中で，情報通信技術に関する技術情報は，社会との関わりで，いろいろな面を見せることになる。

それは，情報通信技術の技術情報が想起され，実用化が試みられ，頓挫（とんざ）し，さらに再発見（発明）され，実用化されて普及するサイクルのいろいろな段階に対応して，社会的な評価が加えられることによっている。この構図は，情報通信機器などについても，同じようなことがいえよう。

情報通信技術の進展を社会制度との関わりからとらえることは，短期的な視座と中長期的な視座の中で，いろいろな見方ができうることに対して，中間的な視座から一つの別の見方を与えることになる。

引用・参考文献

(1) 星野 力『誰がどうやってコンピュータを創ったのか？』共立出版，1995年

(2) 大駒誠一『コンピュータ開発史』共立出版，2005年

(3) 國領二郎・高木晴夫・奥野正寛・柳川範之・永戸哲也・浦 昭二 共編『情報社会を理解するためのキーワード1』培風館，2003年

(4) Edward A. Feigenbaum, Pamela McCorduck, *The Fifth Generation : Artificial Intelligence and Japan's Computer Challenge to the World*, Addison-Wesley (1983), エドワード・ファイゲンバウム，パメラ・マコーダック，木村 繁 訳『第五世代コンピューター――日本の挑戦』TBSブリタニカ，1983年

(5) 小林 登 編『NTT技術陣による情報／先端メディア』1.基礎技術，2.基本システム（北原安定 監修），3.応用システム，培風館，1986年

学習課題

(1) 階差機関などのコンピュータの写真をインターネットで検索して調べてみよう。

(2) 情報通信機器の最新の情報を調べてみよう。

(3) 総務省などのホームページから，情報通信に関する政策について，調べてみよう。

2 メディア融合と社会

小牧省三

《学習の目標》 情報通信技術の進展が社会に与える影響は，近年，飛躍的に大きくなってきている。本章では，メディア発展の歴史とそれを支える技術を振り返り，現在進んでいるインターネットやスマートフォンを中心とするメディア融合の位置づけと，その社会への影響を理解する。
《キーワード》 マスメディア，ニューメディア，マルチメディア，メディア融合，ブロードバンド，ユビキタスネットワーク

1. メディア発展の歴史とその技術

メディアとは，英語の media であり，本来の意味は，情報の記録，伝達，保管などに用いられる物や装置のことである。すなわち，文字，紙や音声，映像，近年では CD，DVD やハードディスク，ひいてはビッグデータを保存しているクラウドなどの物理的な記録保管媒体，また，それらを伝送する新聞や書籍，ラジオやテレビ放送，電話やブロードバンドなどの通信手段を示している。一方，この媒体を利用して発展してきたマスメディア，マスコミ，または，これに従事してきた人々のことをメディアと呼ぶことも多い。本章では，後者のメディアについて変化の歴史と今後のパラダイムシフトを，物理的な技術的発展との関係を主体にして取り扱う。メディア融合を，ブロードバンド通信の進展と，その中で取り交わされるソーシャル情報により構成されるナローキャストメディアと，旧来の不特定多数を主体としたマスメディアとの融合と定義し，それらと物理的メディア発展の関係を主として論じている。

メディア発展の歴史とそれを支える技術を表2 - 1にまとめて示す。表に従い，主として技術を中心に時間の経過を追うことにする。

（1）マスメディアの時代（1970年以前）

マスメディア（あるいはマスコミと呼ばれることもある）については，説明するまでもなく，すでに多くの人々が認識し，その影響を受けており，その社会における評価も定着してきている。ここでは，それを支える技術という面でのエポックを列記しておきたい。

マスメディア時代以前に発明された文字と紙という媒体に加え，1445年ごろのグーテンベルク（Johannes Gensfleisch zur Laden zum Gutenberg，1398年ごろ - 1468年）による印刷技術の発明により，印刷物という紙メディアを利用した情報配信が長らく使用されてきた。いわゆる書籍や新聞・雑誌という手段がこれに相当する。これにより，手書き文書や言葉による語り伝えという形で子孫に引き継がれてきた知識遺産が，多数の人に一度に配信可能となり，一部の権力者の専有物であった情報が多くの人に効率よく伝達可能となった。また，主義主張や事実の正確な報道という，いわゆるマスコミという新しいジャンルで働く高度な専門家が形作られたのもこの社会の特徴といえる。

その後，1895年にリュミエール兄弟（Auguste Marie Louis Lumière，1862 - 1954年 & Louis Jean Lumière，1864 - 1948年）やエジソン（Thomas Alva Edison，1847 - 1931年）による映画の発明により，活字と絵という世界に音と動く映像という情報配信手段が追加された。

さらに，電気機器によるマスメディアとして，1906年フェッセンデン（Reginald Aubrey Fessenden，1866 - 1932年）によるラジオ放送実験，1925年には，日本におけるラジオ本放送の開始により音声による即時性の高い情報配信や報道が開始されることになる。また，1926年

表2-1　メディア融合の歴史とその技術

	−1970	1970−1985		1985−2000	2000−	
	マスメディア	ニューメディア		マルチメディア	メディア融合	
	【即時大量配信技術】	【メディアミックス・多チャンネル技術】		【ディジタル技術】	【ブロードバンド技術】	【ユビキタス ネットワーク技術】
利用技術	書籍	CATV	衛星放送，衛星通信	B-ISDN	ディジタル放送	移動体放送受信
	新聞		ISDN		ADSL，FTTH	モバイルブロードバンド
	映画			ワークステーション	携帯電話（第2世代）	携帯電話（第4世代）
	ラジオ			パソコン，PDA	携帯電話（第3世代）	
	テレビ	大型計算機	コンピュータ通信	CD，MD	無線LAN，高速無線LAN	
			VTR		DVD	ICタグ（RF-ID）
パーソナル性		VOD（ビデオオンデマンド）		映像配信	Webブラウザ	電子商取引（m-コマース）
	−	ビデオテックス	キャプテンシステム	ICカード認証	電子商取引（e-コマース）	非接触ICカード認証
	（電話）			電子メール	携帯メール，iモード	異種モバイル ネットワーク融合
		ファックス	高速ファックス		データマイニング	ワイヤレスエージェント
地域性	−	−		地域情報の発信と配信	ユニバーサルサービス	固定移動融合
	（地方誌・地方報道）	（テレトピア・ニューメディア構想）		（非常通信ネットワーク）	地方行政ネットワーク	地域 WiMAX
機能	大量配信・同報	個別動画像配信（アナログナローキャスト）	コンピュータ通信	個別動画像配信（ディジタルナローキャスト）	インターネット，クラウド	位置情報との融合
	非即時から即時性へ	多チャンネル化	掲示板サーバー	クライアント＆サーバー	Web	少額決済機能
			テレビ会議	電子メール	ビッグデータ	複合端末
			文字放送	個人認証与信	定額料金制	移動体個人認証
					セキュリティサーバー	移動体物品認証

の高柳健次郎（1899 - 1990年）によるテレビ伝送実験を経て，1953年にはテレビ放送が開始され，音と映像を併用した即時性の高い情報配信メディアが誕生することになる。

このマスメディアの時代は，いかに多くの大衆に同一の大量配信を効率よく伝えるかが目的とされた時代であり，この時代を特徴づけるものは，「即時性・大量配信技術」というキーワードで表現することができる。また，効率性を重視し，文字や絵は紙媒体で，音や映像はフィルム媒体や電波による放送という異なった媒体（メディア）で配信された。

これと並行して，電話を用いて個人対個人の通信手段が発明され実用に供されていたが，まったく別の伝送媒体（通信メディア）として機能しており，ここでいうマスメディアとは別物ととらえることが正しい。

（2）ニューメディア時代（1970 - 1985年）

1949年に米国で，1955年に日本でテレビ難視聴対策としてスタートしたケーブルテレビは，1970年ごろから自主放送を含む都市型テレビという伝送媒体へと発展してきた。これを使用して，これまでフィルムと劇場というものを中心に配信されてきた映画を個人の要求に応じて個別に配信を行う，いわゆるビデオオンデマンド（VOD）の商用が開始され，また，地域の要求に合わせ特定の人々に配信するコミュニティ放送という配信形態が新しく追加されることになる。同時に，ビデオカセットなどを使用したパッケージ形コンテンツにより，効率よく配信可能な新しい技術が追加された。いわゆる，パーソナル性という，個人的要望を満足させる「メディアミックス」の時代が始まることになった。多数の人々へのブロードキャスト・マスメディアから，「ナローキャスト」・「パーソナルメディア」への展開の端緒が新しく始まることになる。

また，映像蓄積の技術としてビデオレコーダ（VTR）が各家庭まで導入が進み，マス向けの放送録画による時間遅れと個人需要に応じた一部聴取というパーソナル性を後押ししてきた。この時代から，不特定多数に向けたマスメディアと，個人というパーソナル性を持った特定多数に対する配信を同時に指向することになる。この兆候は，放送（ブロードキャスト）に対し，ナローキャストと呼ばれる。

1843年，ベイン（Alexander Bain，1811 - 77年）により原理が発明され，日本では1928年に丹羽保次郎（1893 - 1975年）が最初に実用化を行ったファクシミリを用いて同報配信を行うことや，大型計算機を蓄積媒体として使用するコンピュータ通信による電子掲示板，文字情報配信などのテレテックス，映像配信を行うビデオテックス，CAPTAINなどが次々に開発実用化された。

また，1983年，ニューメディアコミュニティ構想（通産省），テレトピア構想（郵政省）として官民一体となって新しいメディアの方向を模索した時代といえる。情報通信分野では，1984年，東京・三鷹（みたか）市で実施されたINS実験，それに続くISDNの商用化が記憶に残る技術といえる。

この時代を特徴づけるキーワードは，「メディアミックス・多チャンネル技術」であり，音声と文字に関してはディジタル化されているものの，映像をはじめ技術の大多数は，アナログ技術主体の配信や蓄積になっていたものが多い。

（3）マルチメディア時代（1985 - 2000年）

ニューメディア時代とマルチメディア時代を区分することは容易ではなく，個々人によってその定義が異なる。ここでは，簡単にするため著者の独断により次のように区分けする。すなわち，情報の大半がディジタル形式で流通する時代をマルチメディア時代であるとする。すなわち，キーワードとして「ディジタル技術」というものがこの時代を代表している。

技術面では，1958年，ジャック・キルビー(Jack St. Clair Kilby，1923 - 2005年）やロバート・ノイス（Robert Noyce，1927 - 90年）によって基本技術が特許化された集積回路（IC）の発展形として，1980年代以降大規模集積回路（LSI）の実用化が急速に進み，これを基盤技術として大容量メモリやディジタル信号処理技術が実現し，パソコンをはじめとするディジタル機器として大きく発展した。この結果，集積回路の大量生産による小型化・低価格化，ディジタル処理による情報量圧縮と高品質化・高安定化が進み，情報の伝送，蓄積，処理のすべての分野でディジタル技術の導入が進んだ。

たとえば，ワークステーション，パソコン，携帯情報端末という小型化（ダウンサイジング）の流れ，CD，MDという音楽分野のディジタル蓄積媒体，通信分野でのディジタル伝送や端末機器，電子メールによる文字情報の同報配信，ICカード認証などの分野で各種情報がディジタル情報として統一的に扱われるようになってきた。

動画像映像に関しても，空間への放射（アナログ放送）を除きほとんどの分野でディジタル化が進み，情報の圧縮・復元処理も高品質・高圧縮化が進んだ。ただし，ディジタル化により情報量が拡大し，基幹伝送路では高速の情報伝送手段が必要であり，放送スタジオや大きな企業間での高速伝送手段の導入は進んだが，一般ユーザーへのディジタル配信部分は依然数十キロビット毎秒と低速でありボトルネックが生じていた。このため，実際のディジタル配信はテキストや静止画止まりで，動画像の配信については，放送波をはじめとするアナログ伝送あるいはCD，VTRによるパッケージ輸送が中心になっていた。高速データ伝送機器としてのB-ISDNや衛星放送が存在していたが，コストや料金面で現実的な解とはなりえず，次のブロードバンド・メディア融合の時代を待つことになる。

2. メディア融合時代

メディア融合時代は2つに分けることができる。前半をステップ1，後半をステップ2と便宜的に呼ぶこととする。

（1）メディア融合時代ステップ1（2000 - 2005年）

まず，メディア融合時代ステップ1は，定額常時接続インターネットの時代であり，前半のキーワードは，「ブロードバンド技術」に代表される。この時代には，非対称ディジタル加入者方式（Asymmetric Digital Subscriber Line : ADSL）や光ディジタル加入者方式（fiber to the home : FTTH）などの比較的価格の安い定額制ブロードバンドネットワークが家庭まで接続され，そのうえで動画像を含めた高品質の画像が配信可能となる時代である。MPEG-4，H.264などの画像圧縮技術の国際標準化が推し進められ，この中での日本の寄与が大きいことも強調しておきたい。

さらに，全世界で標準となっているインターネット（IPプロトコル）というオープンな仕様に基づいた汎用ネットワーク技術が導入され，動画像を含め，音楽，静止画，テキストなどの情報がネットワーク上で統一的に取り扱える時代となった。特に，電子メールという個人あるいは特定多数へのディジタル情報の配信が効率的に行えるようになると同時に，インターネット上に蓄積された情報の表示と配信に関しては，アンドリーセン（Marc Andreessen，1971年 - ）の開発したNCSA MosaicやNetscape NavigatorによるWebブラウザと，それまでに開発されていたHTML言語がメディア融合を支え，果たした役割が大きい。この技術は，単方向であり，かつ一般に公開されたサーバーから所有者の許可を得ることなく，マルチメディア情報を取得可能であるという特徴を有している。

これら電子メールやWebブラウザの機能は，前述のナローキャスト的な性格を強く有しており，また，ニューメディア，マルチメディア時代と異なるのは，ブロードバンドに加入する個人が，同報メールやWebサーバーの配信者となることができることである。このため，それまでの社会と異なり，情報が中央集権的な配信あるいは放送という手段ではなく，網の目のように流通するナローキャストに特徴がある。

さらに，インターネット上に分散するデータサーバーの情報を，データマイニング技術によって情報検索を可能とするポータルサイトの開設も重要な役割を担っている。有名なものとして，ヤフー，グーグル，楽天などがよく知られている。この機能により，網の目の中に埋没した情報や知識を体系的に有意な情報にできるようになっており，知識そのものが価値を有する知価社会という表現もされている。近年，これらをクラウドやビッグデータという言葉で呼んでいる。

この時代の日本においては，IT戦略本部が策定したe-Japan戦略が発展に大きく寄与している。この結果として，ブロードバンドネットワークを供給する情報通信分野に競争環境が導入され，ネットワーク価格の大幅な低下と広帯域化が図られた。また，電子商取引，電子政府，教育分野への導入が進み，今後の発展に向けた寄与は甚大なものがある。

一方，インターネットという，同一の標準化された技術，多くの人に開かれたネットワークの脆弱（ぜいじゃく）性が露呈し，不正アクセスやウィルス，迷惑メールの氾濫という事態が生じ，これを防止するため，外部からの接続をできなくするためのファイアウォール（防火壁）の設置，仮想閉域網（IP Virtual Private Network：IP-VPN），暗号化や電子認証などのセキュリティ技術が開発されてきた。

さらに，動画像などの大容量データの蓄積については，DVD，大容量ハードディスクなどの光記録や高密度記録媒体の実用化が進み，一般ユーザーまでのディジタル化が推し進められてきている。余談ではあるが，DVDやブルーレイの標準化に際し，日本が大きく寄与していることは，パテントプールの過半数を占めていることから見ても明らかである。コンピュータOS，CPU（中央演算処理装置），インターネット技術など，IT技術の多くを諸外国の技術に依存している中で，画像圧縮技術や蓄積技術における日本の寄与は注目に値するものといえる。一方，ディジタルコンテンツは，容易に複製や流通が可能になるため，ディジタル的な技術による著作権保護も行われるようになってきている。

同時に，この時代の移動通信ではポケベル（ページャー）による電子メールや一斉同報呼び出しのサービスが広く用いられており，技術としては通信というより放送に近い機能を有していた。その後，携帯電話による電子メールが広く使われるようになり，さらにiモードをはじめとするブラウザホンの登場により，インターネット上の各種情報の検索が可能となってきた。しかしながら，この時代の移動通信環境は，低速かつIPサービスをフルにサポートしていない移動通信専用のネットワーク上で実現されたサービスが多く，料金設定も従量課金となっており，大容量データを伴う静止画や動画像の通信に関しては，次に述べるメディア融合の第2ステップを待つ必要があった。

(2) メディア融合時代ステップ2（2005年以降）

メディア融合時代のステップ2を代表する言葉は，「ユビキタス技術」である。ユビキタスとは，ラテン語における「遍在する」（どこにでもある）という意味を持つ。すなわち，メディア融合時代ステップ1における定額のブロードバンドネットワークが有線系・固定系を主体に構成され，このうえで各種データの蓄積，処理，検索，流通が行われていたものを，ユビキタスネットワーク技術は，いつでも，どこにいても，この環境を実現可能とするものである。

もう少し詳しく説明すると，いつでも，どこからでもワイヤレス手段を用いてブロードバンドネットワークにアクセス（接続）でき，定額制・高速性などの同一の環境を利用できるようにするものであり，そのうえで，新しいメディアサービスを利用できるようにしたものである。このためには，移動体機器や無線手段のブロードバンド化が必要となる。図2-1には，この技術を用いて構築されたユビキタスネットワーク社会のイメージを図示している。

図2-1のユビキタス社会の概念図に示すように，あらゆる社会的活動がブロードバンドネットワーク上で行われるようになってきている。特に，どこにいても同一の情報アクセス手段を用いて，ほとんどの社会活動が可能になってきている。

たとえば，e-Japan戦略に示されているような教育，芸術・科学，医療・介護，就労，産業，環境，生活，移動・交通，社会参加，行政などの活動は，固定ブロードバンドネットワーク上で行われるようになっているが，これを，いつでも，どこからでも，同様な活動を行えるようになる。特に電子商取引（e-コマース）などの実経済活動が付帯するものは，家庭内や事業所内で決済するものに比べ，外出先で決済するものがほとんどであり，社会経済的な側面での重要度が高まっている。

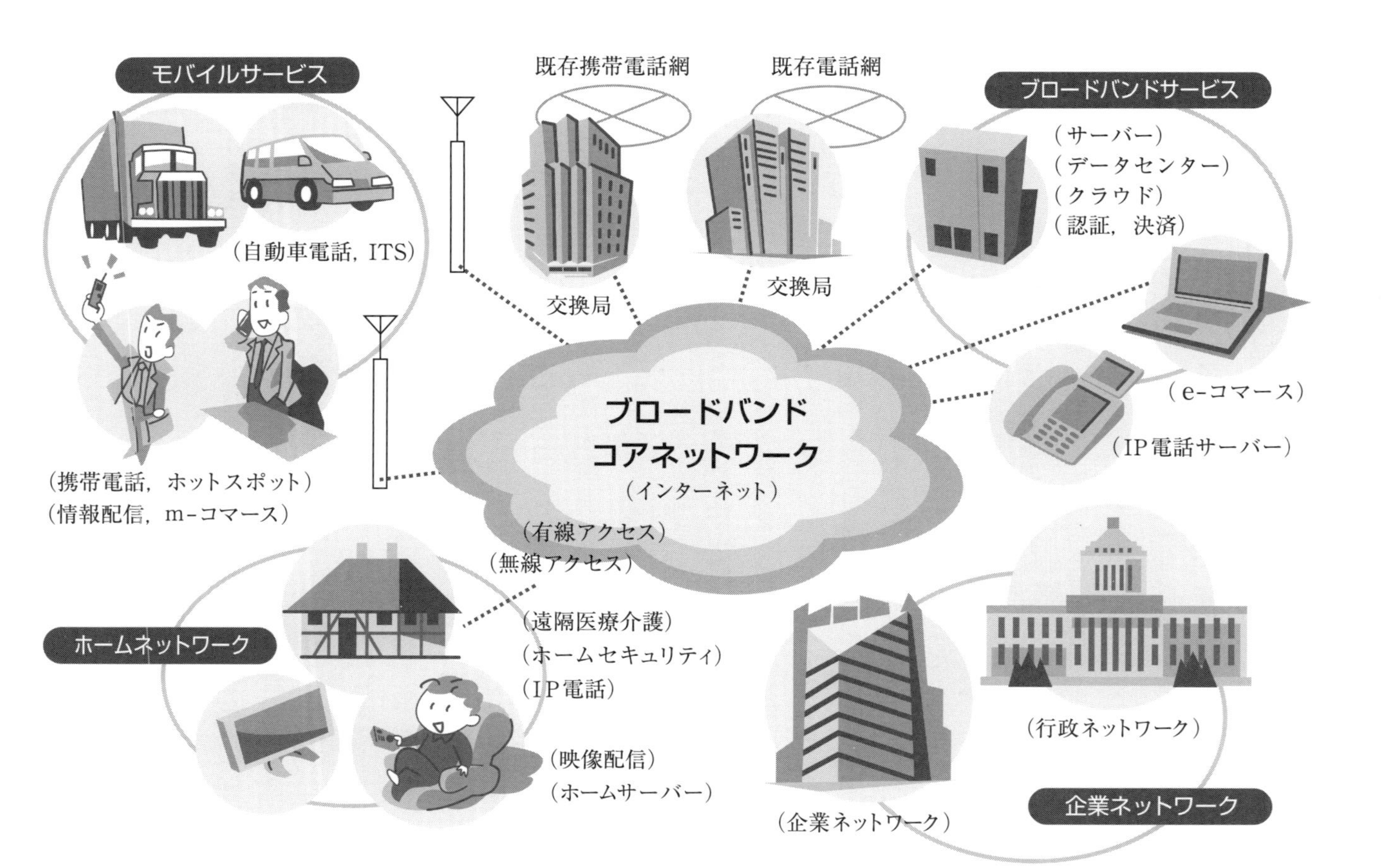

図2-1　ユビキタスネットワーク社会の概念図

このような固定系で実現しているものと同様の機能・サービス品質が，いつでも，どこにいても実現可能となる機能をｍ - コマース[1]と呼んでいる。移動体上における電子決済，発券・チケット販売，予約変更，検札・入場認証，物販輸送などには，与信・認証・決済プラットフォームの構築と複数あるプラットフォーム間連携が重要になってくる。現在，非接触ICカード，電子タグ，無線ICチップなどがこの目的に使用されている。

今後，モバイル環境においても有線系と同程度の定額料金制の導入，高速化が不可欠の課題である。現在，ワイヤレスアクセス手段として，第4世代携帯や無線LANなど各種の移動体通信機器が導入され商用化されているが，情報速度，料金，サービスの広域性などの面で，それぞれ一長一短がある。携帯系では，さらなる高速移動通信の開発と商用化が進められているが，それと同時に，用途や個人要求に応じた利用を可能にするため，それぞれのネットワークの利点を組み合わせて使用する異種無線融合通信手段（ヘテロジニアスネットワーク運用，トラヒックオフロード技術やコグニティブ無線技術）が必要となってきている。

さらに，移動中に各種の業務処理を行うこと，ユーザーが意識することなく各種のワイヤレスネットワークを組み合わせて使用できるようにするため，あるいは，ワイヤレスで接続された多品種かつ多数のセンサーからの情報を扱うため，これらを効率的に扱う電波エージェント（ワイヤレスエージェント）が必要になる。

また，技術的課題の解決ももちろんであるが，今後の周波数運用に関する法制度を含め抜本的な改定も必要になってきている。特に，限られた周波数資源を有効に利用できる抜本的な仕組みを策定する必要性が生じている。たとえば，モバイル系のネットワーク中立性や無線LANな

1）ｍ - コマースとは，mobile-commerceを意味し，ｅ - コマースのうち，携帯端末を用いて移動先の現場で行われる消費者によるものを意味する。このカテゴリが今後のｅ - コマース発展に重要な影響を及ぼすと考えられるため，特にｍ - コマースという言葉で呼んでいる。

どへのトラヒックオフロード政策などがこれに相当する。

さらに，ユビキタスネットワークでは，場所に依存しない各種モビリティ機能のサポートが必要となる。同一の端末機器により接続基地局をシームレスにハンドオーバできる機能（端末移動モビリティ），同一端末番号あるいはアドレスで異なった事業者間でローミング接続し，異種方式，異種周波数帯域を選択して接続できる機能，番号ポータビリティ機能（事業者モビリティ），1つの個人アドレスを複数の個人端末やアドレスに展開する機能（パーソナルモビリティ），異なった場所やネットワークで利用中のサービスをそのまま引き継いで利用できる機能（サービスモビリティ）の実現が必要となる。現在，モバイル認証，モバイルセキュリティ，位置検出機能などを含めモバイルブロードバンドの実現に向けた各種の技術開発が行われている。

3．メディア融合技術と社会的意義

最後に，メディア融合技術の社会的意義を述べる。メディア融合技術は，広い意味でICT（Information and Communication Technology）と呼ばれており，情報通信技術というよりも英語の省略名を用いることが一般的になってきている。このICTが社会的に持つ意義は，下記に分類される。

(1) ICTに関わる産業規模が急速に拡大し，ICTに従事する人口が主要なものになってくる。（就業人口の移動）

(2) 商取引などの経済的な活動がICTを使用して実行され，流通コスト，生産コストなどの効率化により，企業・国家的繁栄が実現される。（国際競争力）

(3) ICTにより文明・文化・教育的側面からの人類としての新しい発展が見られる。（人間の豊かさ）

これらの意義は，厳密に分かれているわけではなく，組み合わされたものと考えられ，過去の歴史の発展と重ね合わせながら考えると理解しやすい。図2-2は，狩猟社会，農耕社会，工業社会，情報化社会の発展の経緯を示したものであり，それぞれの社会の境目には，革命といわれる大きな変革とそれを支える技術が存在し，それにより，群れ，村，都市，サイバースペースへの居住空間の変化と，社会そのものの構造変革が生じていることがわかる。

また，新しく創造された社会とその生産物は，新しい社会のみに影響を及ぼすのではなく，古い社会に対しても大きな影響を与えている。たとえば産業革命により機械という技術が開発され，それによって生産される毛織物・綿織物という工業生産物の流通や通商のみの変革ではなく，農業生産物の生産に機械が使用され，労力の削減と同時に生産効率が上昇する。さらに，その結果として生じた余剰の農産物を，工業社会で造られた船や列車によって広範に輸送することが可能になるといった連鎖的な影響が生じ，農耕社会にも大きな影響を与えることになる。同様に，大型船舶による遠洋漁業というものにより，それ以前の狩猟採取社会にも多大なる影響を与えた。

ICT 技術を基礎とした情報通信革命で発生する情報化社会も同様に，新しい社会のみへの影響ではなく，古い産業や社会にも大きな影響を与えることになる。コンピュータという情報機器による工業製品の自動生産などは，その典型例である。

しかし，革命による効率の向上が新しい社会への就業人口の移動や雇用喪失を発生させたのではなく，人間社会に対し時間的な余裕を生じさせ，豊かさを享受する要因になっていることも重要な視点である。工業社会の末期に出現したラジオやテレビ，電話や携帯電話，パーソナルコンピュータは，効率向上による余暇時間を豊かにするために考え出さ

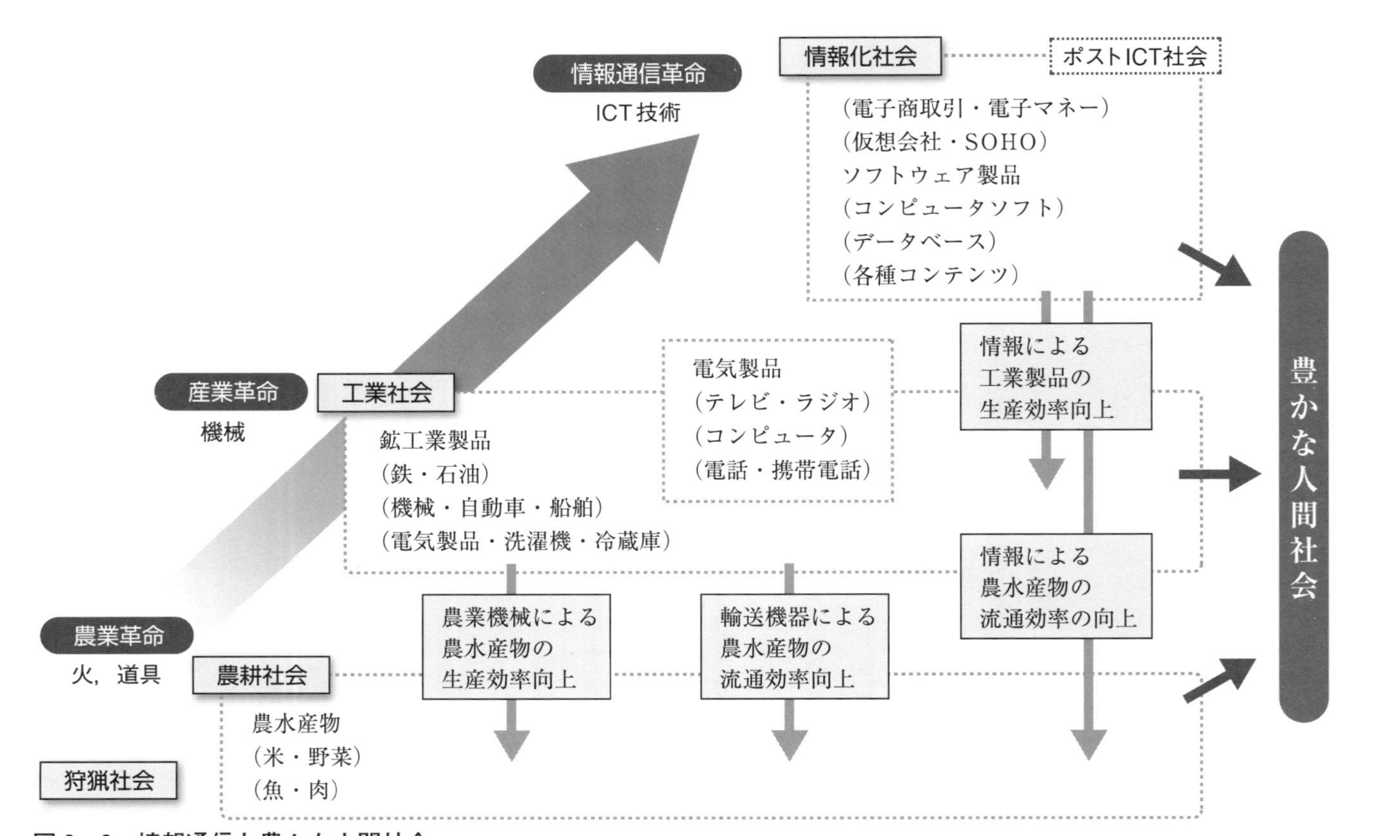

図2－2　情報通信と豊かな人間社会

れ，これが次の情報通信革命の基礎技術に発展したと考えて差し支えない。

情報化社会も同様であり，その技術により，就業人口の情報化社会への移動と労働生産性向上が余儀なくされている半面，就業場所と時間という制約が外れ，余暇という人間の豊かさを生み，ユビキタスネットワークを利用することにより，個人が情報発信できる知価社会機能を持つことになる。これによる一般大衆による文化的・知的生産物が大量に生成され始めている状況にある。これら生産物が，ポストICT社会への変革のための手段となっていく可能性も高い。

4．おわりに

メディアの歴史的変化と，それを支える技術の関係を述べ，近年盛んになってきているメディア融合の流れの概要と，将来の発展形態としてのユビキタスネットワークの概要を述べた。また，それらが社会に与える影響と役割を論じた。今後，この社会はポストICT社会へ発展することになるが，いまだ，その全容は明らかになっておらず，その発展形態は予想されたものと異なってくる可能性が高い。ブロードバンドやユビキタス技術と社会・文化の関係は，ルネサンス時代，大航海時代，宗教改革との類似点でとらえることが可能であるといわれている。このような過去の例を見てポストICT社会の形態を類推し，今，私たちや，わが国がとるべき方策を考えてみることも重要であろう。

引用・参考文献

(1) Alvin Toffler, *The Third Wave*, Bantam Books (USA), 1980.
(2) IT 戦略本部，e-Japan 重点計画－高度情報通信ネットワーク社会の形成に関する重点計画－ (http://www.kantei.go.jp/jp/it/network/dai3/3siryou40.html)
(3) 総務省「『e-Japan 戦略』の今後の展開への貢献」(http://www.soumu.go.jp/menu_seisaku/ict/u-japan/new_outline01.html)
(4) 総務省「u-Japan 政策」(http://www.soumu.go.jp/menu_seisaku/ict/u-japan/index.html)
(5) 総務省「*i*-Japan 戦略 2015」(http://www.soumu.go.jp/main_content/000030866.pdf)
(6) 篠崎彰彦・情報通信総合研究所 編著『メディア・コンバージェンス 2007――ICT 産業のさらなる挑戦』翔泳社，2007 年
(7) 依田高典・根岸 哲・林 敏彦 編著『情報通信の政策分析――ブロードバンド・メディア・コンテンツ』NTT 出版，2009 年
(8) 野村総合研究所『ユビキタス・ネットワークと市場創造』野村総合研究所広報部，2002 年
(9) 鬼木 甫『電波資源のエコノミクス――米国の周波数オークション』現代図書，2002 年
(10) 多賀谷一照 監修，電波有効利用政策研究会 編『ユビキタスネットワーク社会に向けたこれからの電波政策』電気通信振興会，2003 年

学習課題

(1) 諸外国の情報通信革命（ICT 革命）とわが国の e-Japan 戦略の関係を調べてみよう。
(2) e-Japan 戦略，u-Japan 政策，*i*-Japan 戦略 2015 の内容を調査し，それらの社会生活に及ぼした，あるいは及ぼす意義を調べてみよう。
(3) ポスト ICT 社会の将来像を記述せよ。ルネサンス時代，大航海時代，宗教革命などの類似したものと比較して想定してみよう。

3　将来通信網はどのようなものか

小牧省三

《学習の目標》　将来通信網[1]の特徴はどのようなものだろうか。また，そのオープン化がなぜ可能になっているのだろうか。オープン化によってもたらされる社会的効果はどのようなものであろうか。これらを理解することにより，現在進められている政策の目指すものを探る。

《キーワード》　レイヤ，ストラタム，コアネットワーク，アクセスネットワーク，FTTH，オープン化，競争施策，次世代移動通信

1．ブロードバンドネットワークの発展と将来通信網

（1）ブロードバンドネットワークの階層モデルとオープン性

現在，世の中ではインターネットの利用が進んでいる。このネットワークは，インターネットプロトコル（IP）と呼ばれる，世界的に広く使用され，仕様がオープンになっている技術に従った通信方式である。ブロードバンドと呼ばれる大量のデータ通信能力とともに，音声，静止画，動画などの各種のデータ形式を汎用的に取り扱う能力を有している。以下，このネットワークの階層構造を説明し，ネットワークのオープン化が可能である理由を説明する。

図3-1に通信ネットワークにおけるOSI参照モデル（Open System Interconnection Reference Model）を示す。オープンな規約に基づいて通信を行う場合は，多くの階層に分解し，これらを組み合わせて通信が可能となるよう，段階的に通信とデータのやり取りを行うような構造になっている。この階層をレイヤ（Layer）と呼ぶ。

1）ここでは次世代ネットワーク（NGN）および新世代ネットワーク（NwGN）を分けず，一般的用語として将来通信網と呼ぶことにする。

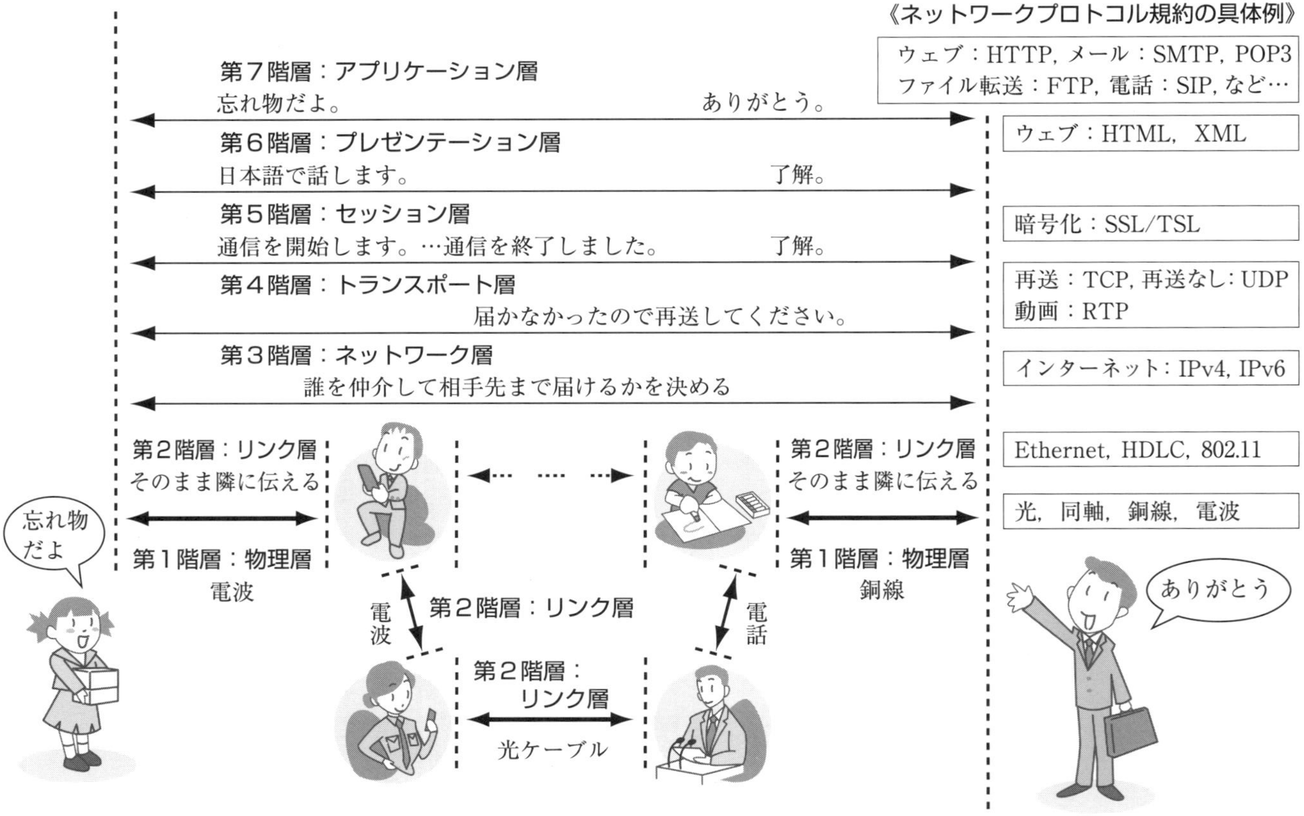

図３－１　通信機能オープン化のための階層参照モデル（OSI）

レイヤ1（第1階層）は，物理層とも呼ばれ，光ファイバー，同軸ケーブル，銅線，電波などの伝送媒体やコネクタの形式，電気信号の電圧や形式などの規約を定めている。

レイヤ2は，リンク層と呼ばれ，隣接したノード（中間局あるいは機器）間でデータ伝送を行うための規約を定めるものである。隣接ノード間では，情報をあるかたまりにしたパケットと呼ばれるものに分割し，隣接ノードへ伝送する。

レイヤ3は，ネットワーク層と呼ばれ，インターネットプロトコル（IP）が使用される。ネットワーク層は，複数のリンクを組み合わせ，通信の相手先まで信号を送り届けるための規約である。近年，IPv4からIPv6に徐々に移行している。IPv6に移行すると世界中の機器が相互に直接通信することが可能となる。

レイヤ4は，トランスポート層であり，通信元と通信相手の間で信号を安定に伝達する機能である。届かなかったパケットを再送したり，届いたパケットの順番を整えたりする機能である。

レイヤ5は，セッション層，レイヤ6は，プレゼンテーション層であり，それぞれ，通信の開始設定，通信するデータの表現方法の定義と変換の機能を規定している。インターネットでは，レイヤ5，6，7は厳密には区別されないことが多い。

レイヤ7は，アプリケーション層と呼ばれ，利用者が使用する具体的な通信サービスを規定するものである。たとえば，電子メール（SMTP，POP3），Webサービス（HTTP），ファイル転送（FTP），IP電話（SIP）などの規定が有名である。

以上に述べたように，各階層がオープンな規定から構成されているため，それらを組み合わせて新しいアプリケーションやサービスが創出可能になっている。詳しくは第3節に述べる。

（2）将来通信網の概要と物理的なネットワーク

将来通信網の特徴を下記に箇条書きにする。

(1)「QoS」機能による安定した音声通話や高精細映像の配信

(2) セキュリティの確保

(3) 高信頼ネットワークの実現

(4) オープンなインターフェースの適用

また，第2章のユビキタスネットワーク社会の概念図（図2‐1）に示すように，ネットワークの構成は，コアネットワーク，有線アクセス，無線アクセスから構成される。

コアネットワーク，有線アクセスの物理的形態を具体的に図に示したものが，図3‐2である。無線アクセスは，第2節で述べる。

コアネットワークは，国際接続を行うインターネットサービス提供事業者（ISP）と，国内サービスを行う国内ISPに分類される。代表的な国内ISPが使用するコアネットワークの物理的な構成を図3‐2に示す。県間コアネットワークは，県間や大都市間を結ぶ伝送路であり，ケーブルや機器障害時にも安定してサービスを継続することを目的として，複数の光クロスコネクト（OXC）を用い信号を迂回（うかい）させている。

地域系コアネットワーク（メトロネットワーク）は，県内や大都市内のためのネットワークであり，市町村ネットワークノードとの間で光ファイバーをループ状に敷設し，光分岐挿入装置（OADM）を用いて光信号のままで分岐や挿入を行っている。これにより，信号の処理遅延低減と高速伝送が可能になっている。ループ状に設置する理由は，ケーブルや機器障害時に，逆回りの伝送路を使用して信号を迂回救済するためである。

有線アクセスは，ブロードバンド加入者と市区町村単位で設置された直近のネットワークノードとを接続するものであり，FTTHとも呼ばれ

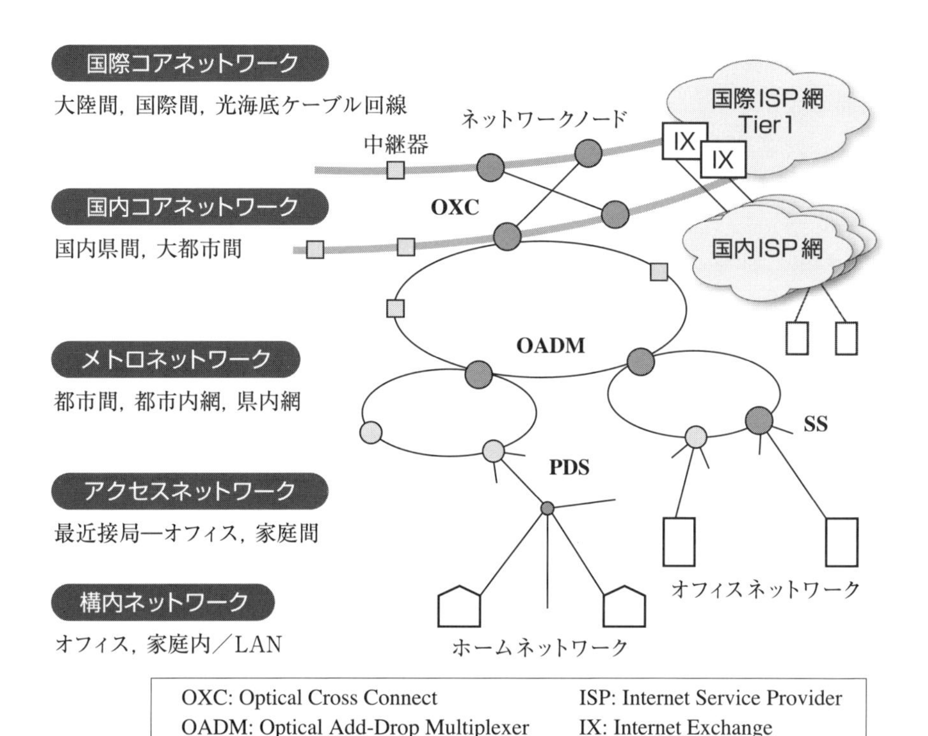

OXC: Optical Cross Connect	ISP: Internet Service Provider
OADM: Optical Add-Drop Multiplexer	IX: Internet Exchange
PDS: Passive Double Star	SS: Single Star

図３−２　将来通信網の物理的形態

ている。FTTH ではネットワークノードと加入者を結ぶ光ファイバーを星形（スター状）に設置している。大規模ユーザービルや集合住宅では情報量が多いため分岐した１本のファイバーに加入者を接続しており，これをシングルスター接続（SS）と呼ぶ。戸別住宅など情報量の比較的少ない場所に対しては，分岐した１本のファイバーをさらに電柱の上で多分岐し，それぞれに加入者を収容する。これをパッシブダブルスター接続（PDS）と呼ぶ。

光技術の導入によりコアネットワークの容量増大が行われているが，

有線アクセスの情報容量も同時に増大しており，コアネットワークが情報量増大に十分対応しきれない状況が懸念されている。コアネットワークにおけるISP事業者のベストエフォートサービスの品質保証と情報の内容に，差別を設けたネットワーク制御の是非と料金負担の公平性確保をどのようにするのが適正であるかの施策の検討が行われている。これを，ネットワーク中立性と呼んでいる。

2. 無線アクセスネットワーク

今後のユビキタスネットワーク社会を実現するためには，どこにいても固定インターネットなみのブロードバンド機能を実現していく必要がある。図3-3に無線アクセスの発展状況を示す。無線アクセスは，固定系インターネットと同様に，定額であることが必要不可欠の条件に

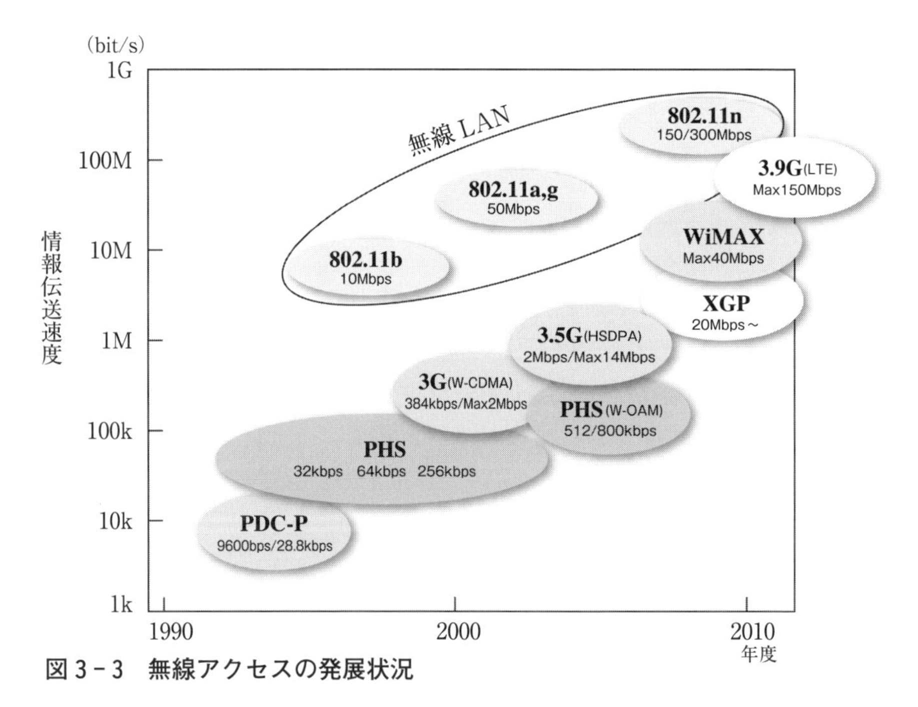

図3-3 無線アクセスの発展状況

なってきている。定額データ通信サービスは，1993年に開発・導入された PHS で最初に導入が進んだ。また，無線 LAN を利用したホットスポットサービスも高速かつ低額の定額料金データ通信サービスとして利用されてきた。

携帯系では，2006年ごろから HSDPA をはじめとする3.5世代携帯サービス（3.5G）が導入されることとなった。これによって数 Mbps クラスの定額料金制のデータ通信サービスを広く一般の加入者が利用できるようになっている。2009年には，固定系ブロードバンドに情報速度をさらに近づけ，料金も固定系インターネットアクセスよりも安い WiMAX がスタートしており，数 Mbps～最大40Mbps のデータ伝送速度を有している。2010年以降，LTE と呼ばれる第3.9世代携帯（3.9G）が導入され，数十 Mbps～最大100Mbps 級の伝送速度を有する無線アクセスが利用可能となった。

3．ネットワークオープン化と新規サービスの創出

本節では，将来通信網が有するオープン性の確保状況，オープン性が創出する価値を述べる。

（1）オープン化と新規サービス開拓

インターネットでは，通信の仕組みがオープンな仕様（プロトコル）で構成され，ネットワークノードも汎用的な機器で構築されるようになってきた。この結果，新しい事業者が一部の機器を用意して既存のネットワークや事業者に相互接続して使用することが容易になってきている。特に，同じネットワークやサービスを提供するのではなく，これまで見られなかったような新しい高機能のサービスや新しいビジネスを立ち上げ，付加価値を創出できるようになってきている。グーグル，ヤ

フー，楽天などの検索サービス，ポータルサイトや電子商取引サイトもこのような新規企業の一つである。そのほか，タブレット端末やスマートフォンを用いて電子書籍を購入するサービスや，個々人の生活活動記録（ライフログ）を蓄積し，その状況に応じて最適な情報を提供するサービス，クラウド上に蓄積された情報を処理して新しい価値のある情報を作りだすビッグデータ処理サービスなどの，SaaS（Softwear as a Service）も現れている。さらには，認証・決済とセキュリティを確保可能なプラットフォームサービス PaaS（Platform as a Service）の提供，将来通信網の上で新しい価値を創出するサービスなどが考えられている。また，ネットワーク上に配備された処理装置を利用した新しいサービス HaaS（Hardware as a Service）も，その一つであるといえる。

（2）自然独占性と競争環境整備

通信においては，相手との通信可能性が高いほどその利点・価値が高まるため，利用者は，通信できる相手の多いネットワークやサービス事業者に加入するという傾向が強い。これを自然独占性あるいはネットワーク外部性と呼んでいる。一方，これにより供給事業者が一部に片寄った場合，加入者増によるコスト低下に見合った料金設定がされず，コスト最小化努力が欠如する恐れが生じる。また，それとは逆に，コストを下回る略奪的価格設定を行って競争相手を排除するような独占による弊害が発生しやすくなる。このため，通信や情報サービスにおいては，そのオープン利用を前提にした公平な競争条件を確保し，新しいサービスが創出される環境を整えるための方策が講じられている。

図 3 - 4 には，将来通信網の構造を示す。この網ではオープン化が可能となるストラタム[2]という概念を用いている。1.（1）に示したアプリ

2）日本語では「地層」と訳される。レイヤとの技術的混同を避けるためストラタムを用いている。

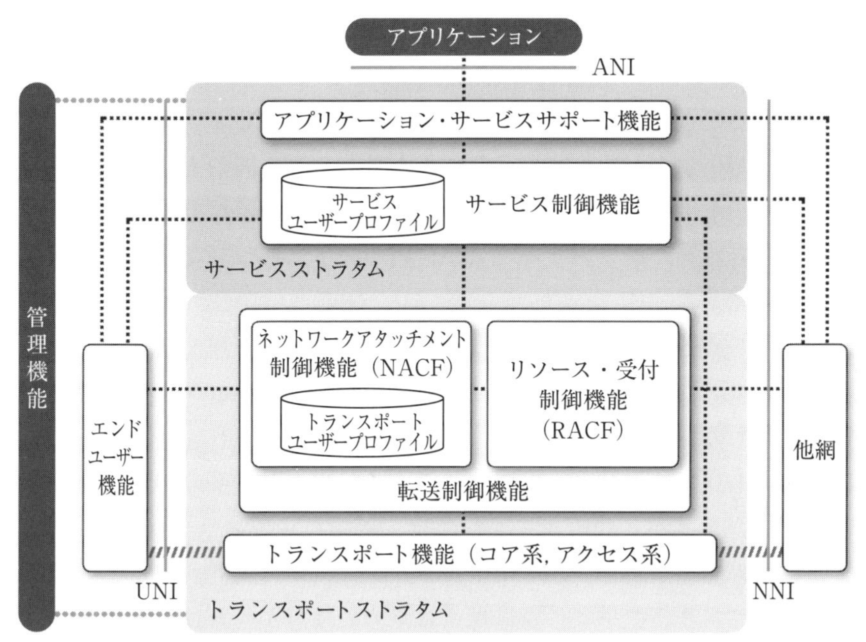

図3－4　将来通信網とストラタムの概念図

ケーションレイヤを除いた残りの6つのレイヤを，大きくトランスポートストラタムとサービスストラタムの2つに分けている。ストラタムは，別の言葉で，プラットフォームと呼ばれることもある。

トランスポートストラタムは，信号の伝達を行うための層であり，信号伝達に関連する利用者認証・ネットワーク資源の優先割り当てならびにユーザーの所在位置や着信拒否などのプレゼンス状況管理に関連した機能を実現するものである。

サービスストラタムは，アプリケーションサービス（レイヤ7）と一体で利用者情報・認証・課金・決済などの機能を実現するものである。

それぞれのストラタム内では自由な競争を行い，結果として自然独占が生じても許容されるが，そのストラタムでの自然独占による優位性が別のストラタムでの競争に影響を与えないような方策が講じられている。この効果を梃子（てこ）の効果（レバレッジ）の防止と呼ぶ。

これを防止するため，水平分離されたストラタム間の十分な監視が必要であり，水平分離されたストラタムのオープン接続性を確保し，それらを組み合わせた新しいサービスが自由な競争に基づいて発展するよう配慮されている。図3-4に示したUNI，NNI，ANIは，オープン性を確保するための仕様であり，ネットワークとユーザー間，ネットワークと他のネットワーク間，ネットワークとアプリケーションサービス間を規定するものである。

また，トランスポートストラタムのうち，アクセス系の物理媒体，たとえば光ファイバーの敷設については，過剰な設備競争を行った場合，重複投資の弊害があり，かつボトルネック性（不可欠性）が高い要素と考えられており，競争条件を確保するための検討が行われている。

（3）移動通信のオープン化と競争条件整備

無線アクセスを実現する場合，電波帯域が限られているため，電波帯域割り当てを受けた既存事業者が有利となる。この結果，大きな既存移動通信事業者が自然独占の状況に移行しやすい。移動通信では，この弊害を排除するため，各種の方策がとられている。表3-1に，それらをまとめて示す。

第1の施策は，同一番号をそのまま使用して異なった事業者に移行できる番号ポータビリティ（MNP）施策である。これにより，スイッチングコスト（事業者間の移行コスト）を下げることが可能となった。

第2の施策は，仮想移動通信事業者（MVNO）の参入促進である。MVNOは移動通信ネットワーク設備を既存事業者（MNO）から借りて

表 3 - 1　移動通信における競争条件整備

項目	説明
番号ポータビリティ	同一番号による事業者移行可能性の確保 MNP（Mobile Number Portability）
仮想移動通信事業者	ネットワーク設備を持たない移動通信サービス事業者の参入 MVNO（Mobile Virtual Network Operator） MVNE（Mobile Virtual Network Enabler）
シムロック解除	携帯端末の他事業者利用可能性確保 SIM Card（Subscriber Identity Module Card）

事業を行うものである。また，MVNO が MNO と個別に折衝や契約を行うことが煩雑である場合，MVNO をまとめ，MNO との交渉や相互接続における技術的作業を実施する事業者を MVNE と呼んでいる。これにより，先に述べた自然独占性を避けた自由競争が確保可能となる。

第 3 の施策は，シムロック解除である。新規参入事業者にとって，魅力的な端末を自分で開発することは比較的困難である。現在，iPhone，Android 携帯をはじめとする携帯端末のスマートフォン化・OS のオープン化が進んでいる。この端末に，MVNO を含むどの事業者のシムカードを挿入しても使用可能となるような施策である。これをシムロック解除義務と呼ぶ。移動通信におけるトラヒックの急激な増加に対して，ネットワーク中立性やトラヒックオフロードも重要な課題になるものと想定される。今後，クラウドサービスと組み合わせることにより，高度な処理をネットワーク上で行い，簡単かつオープン仕様の端末で高機能な新しいサービスが創出可能となり，ユビキタス社会の実現がより一層現実のものとなる。

4. おわりに

本章では，将来通信網の概要を説明した。将来通信網はオープンな標準に基づいた機器とネットワークのオープン利用を前提に設計され，それらを使用した新しい産業や知的生産物が創成される可能性が高い。その中で，固定系ブロードバンドと並びワイヤレス技術が重要な位置を占めていることを述べた。

引用・参考文献

(1) 福家秀紀『ブロードバンド時代の情報通信政策』NTT 出版，2007 年
(2) 依田高典・根岸 哲・林 敏彦 編著『情報通信の政策分析――ブロードバンド・メディア・コンテンツ』NTT 出版，2009 年

学習課題

(1) 将来通信網通信ネットワークの構造を調べ，オープン性がどのようにして確保されているかを考えてみよう。
(2) 携帯端末・携帯ネットワークのオープン化の施策を調べ，その効果を考えてみよう。
(3) ネットワークのオープン化と新規サービス創成の関係を調べてみよう。また，具体的な例を挙げてみよう。
(4) 移動体サービスにおけるトラヒックの急増状況を調査し，ネットワーク中立性のためには，どのような施策が必要となるかを考えてみよう。

4 情報通信と経済成長[1)]

今川拓郎

《学習の目標》 情報通信と経済成長との間には密接な関係があり，「経済力」「知力」「社会力」の3つの経路を通じて情報通信が成長に寄与している。本章ではこれらの関係を理論的かつ実証的に整理する。情報通信の豊かな潜在力を引き出すには，外部効果の高い知的資本や社会関係資本の蓄積を進めて「知力」「社会力」の経路を強化することが有効であり，知識・情報のデータ連携や社会の紐帯（ちゅうたい）を深めるような利活用政策が成長戦略に必要となる。

《キーワード》 生産性，情報資本，高技能労働，知的資本，社会関係資本，ビッグデータ，オープンデータ，ソーシャルメディア

1．情報通信と経済成長を結ぶ経路

情報通信と経済成長との間には密接な関係がある。たとえば，各国の情報通信関連産業の産業全体に占める比率や情報通信分野の競争力を示す指数[2)]は，所得水準を示す一人当たりGDP（国内総生産）との間に正の相関がある。また，各国の情報通信関連の投資額（情報化投資）の伸び率と経済成長率（実質GDPの伸び率）には正の相関がある。つまり，情報通信産業の比重が高く，情報化投資が活発で情報通信分野の競争力の高い国ほど，経済がより成長し，国民一人一人がより豊かになる傾向にある。

しかし，情報通信がなぜ経済成長につながるのだろうか。電話や電子メールを使うほど成長するというのでは短絡的である。単に統計的関係

1）本章は，筆者が執筆を担当した総務省平成21年版『情報通信白書』の第1章の内容をベースに，放送大学の教材向けに書き直したものである。

2）世界経済フォーラム（WEF）が毎年公表している *Global Information Technology Report* に掲載された「Networked Readiness Index」を指す。

にとどまらず理論的な因果関係を正しく理解し，情報通信と経済成長を結ぶ適切な経路を強化することが，真に必要な成長戦略であろう。ここでは，マクロ経済学の経済成長モデルの知見などに基づき，情報通信がどう成長に結びつくのか，その「経路」を整理する。

図4‐1は情報通信と経済成長を結ぶ経路を示すが，主に4つの要因が考えられる。第1に技術革新などによる「生産性」の上昇，第2に資本や労働といった「生産要素」の投入増が挙げられるが，これらは伝統的な経済成長論の考え方に基づく要因であり，生産活動に着目した「経済力」の経路である。第3の要因は，教育・人材や知識・情報といった「知的資本[3)]（ヒューマンキャピタル）」と呼ばれるものの蓄積に着目した「知力」の経路である。第4の要因は，信頼・安心感といった地域社会の紐帯や，公平性・透明性といった社会のガバナンスを包含する「社会関係資本（ソーシャルキャピタル）」と呼ばれるものの蓄積に着目した「社会力」の経路である。それぞれの経路について，詳しく見ていこう。

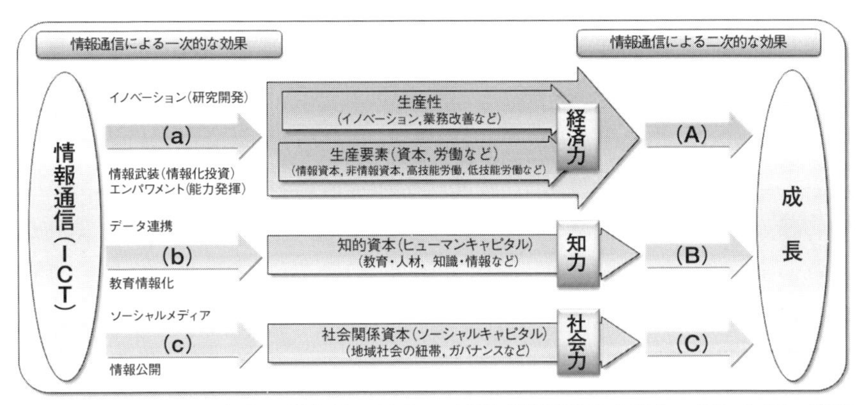

出典：総務省　平成21年版『情報通信白書』の図に加筆・修正

図4－1　情報通信と経済成長を結ぶ経路

3）人的資本，知識資本などともいう。

2.「経済力」の経路

(1) 理論的考察

伝統的なマクロ経済学の経済成長論では，経済成長の要因は，生産面（供給サイド）に着目することによって，次の 3 つに分解される[4]。

経済成長率＝生産性の伸び＋資本投入の伸び＋労働投入の伸び

さらに，資本を情報資本と非情報資本に，労働を労働時間と労働の質に分けることで，次の 5 つの要因に分解することができる。

経済成長率＝①生産性の伸び＋②情報資本投入の伸び＋③非情報資本投入の伸び＋④労働時間の伸び＋⑤労働の質の伸び

「経済力」の経路を通じ，情報通信が成長に寄与する具体的な方法は，この分解された要因ごとに，たとえば以下の事例が挙げられる。

⑴ 生産性の伸び

インターネットやアプリケーションなどの新技術が生産過程に導入されることにより，業務の効率化が実現する。また，イノベーションにより，スマートフォンやネットビジネスなどの新たな財・サービスが登場し，新市場が創出される。

⑵ 情報資本投入の伸び

光ファイバーの敷設や情報システムの構築，ソフトウェアの開発などにより情報化投資が増え，情報資本の蓄積が進む。

⑶ 非情報資本投入の伸び

情報通信産業の集積などにより，情報化投資が道路，建物，交通，エネルギーなどの情報通信分野以外の旧来型の投資を誘発し，非情報資本の蓄積が進む。

---

4) 生産関数を用いれば，$Y=A\cdot f(K, L)$ と表される（Y：生産量，A：技術水準，K：資本，L：労働）。コブ＝ダグラス型と呼ばれる単純な生産関数を想定すれば，$\Delta Y/Y=\Delta A/A+\alpha\cdot\Delta K/K+(1-\alpha)\cdot\Delta L/L$ となり（α は資本の分配率，$1-\alpha$ は労働の分配率），経済成長率が技術水準，資本，労働の伸び率に分解される。このような手法は「成長会計」と呼ばれ，経済成長の要因を分解するために広く利用されている。

⑷ 労働時間の伸び

光ファイバーの整備や情報システムの高度化によりテレワーク（遠隔勤務）が普及し，女性や高齢者などの労働参加が進み，労働力（労働時間）が増加する。

⑸ 労働の質の伸び

情報システムの高度化などにより，定型的業務の自動化などを通じて単純労働の代替が進むとともに，高技能労働を補完する環境が整い，高技能労働への需要が高まる。

（2）実証的考察

実際にデータを実証分析することで，この経路がどう有効に機能するのか，どの要因が重要な役割を果たすのか確認できる。図4‐2は，経済成長の要因分解についての国際比較（日欧米比較）を示したものである[5)]。

日本の経済成長率はいわゆる「失われた10年」を経て大きく低下した。1980～95年の間は，生産性と非情報資本の伸びが経済成長に大きく寄与していたが，1995年以降はその影響が著しく低下した。情報資本と労働の質（労働力構成）は，全期間にわたって継続的に成長に寄与している。一方，労働時間は，1995年以降になって需要停滞を背景にマイナスに転じ，成長の足を引っ張る形となっている。

ここで，特に情報資本に注目して欧米と比較すると，いずれも情報資本による成長率への寄与はプラスになっているが，1995年以降にその寄与が欧米では上昇しているのに対し，日本では横ばいとなっている。つまり，情報化投資による成長への寄与は，日欧米の先進国経済では確かに存在しているものの，日本では1995年以降にインターネットの普及が始まって「IT革命」に沸いたにもかかわらず，その経路が十分に

5）欧州共同体（EU），*KLEMS Database* による各国のデータを使用して，分析を行っている。

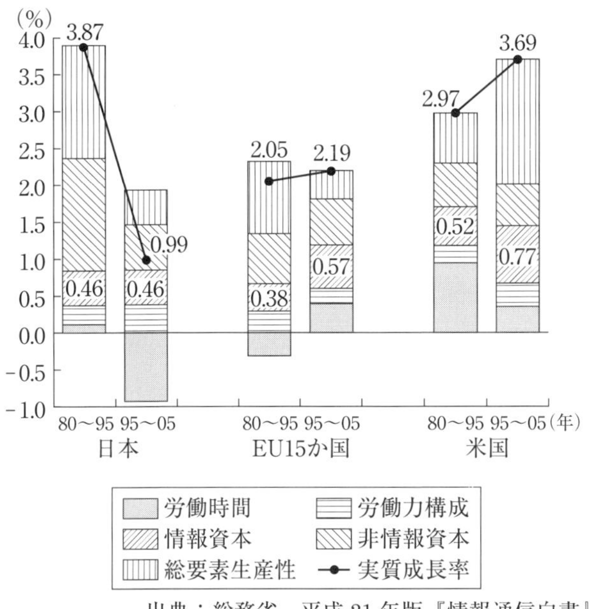

出典：総務省　平成21年版『情報通信白書』

図4-2　経済成長の要因分解（日欧米比較）

機能しなかったと理解することができる。

次に，生産性に注目してみよう。日欧ともに生産性上昇による寄与が1995年以降に減速しているが，米国は逆に加速している状況にある。各国の生産性上昇率と情報資本の伸び率には正の相関が認められるため，経済成長への寄与度が高い生産性の経路について，情報通信技術（ICT）のイノベーションの効果が占める割合が高く，米国はその効果を十分に生かしたといえる。

また，労働に注目してみると，米欧では労働投入（労働時間）がおおむねプラスに寄与している一方で，日本では1995年以降にマイナスに転じている。少子高齢化が急速に進展する中で，労働力の中心となる生産年齢人口は低下傾向にあり，日本の労働力をどう確保していくかは大きな課題である。日本の女性の労働力については，結婚・出産で一度退職し，子育てが一段落すると再び労働市場に参入するという特徴を示す「M 字カーブ」が有名だが，情報通信の活用が子育て世代などの働き方を変え，労働力の下支えに寄与する可能性がある。

たとえば，国際データを分析すると，各国の女性の社会進出度を示す指標であるジェンダー・エンパワーメント指数[6)]や遠隔勤務を行うテレワーカーの比率は，ICT 競争力の高い国ほど高い傾向にあり，情報化の進展によって勤務形態の柔軟化が可能となり，女性や高齢者の社会参加が高まるといえる。

最後に，情報通信と労働の質との関係を考察しよう。ICT の導入は効率化を促し，雇用を減らす（代替関係）という考え方もあるが，一方で ICT を使う業務への需要を高めて雇用を増やす（補完関係）という考え方もある。日本の製造業やサービス業のデータを使用して，情報資本と高技能労働・低技能労働の代替・補完関係を検証すると，情報資本と高技能労働は補完的，情報資本と低技能労働は代替的な関係が得られた。つまり，自動化できるような定型的業務は情報システムによって代替が可能である一方，高度の専門知識を必要とするような業務は情報システムを使いこなす業務であるため，むしろ情報資本と補完的な関係となる。したがって，知識集約型の高付加価値経済においては，情報資本の蓄積が進むと低技能労働を代替しつつ高技能労働を補完し，生産性が上昇して成長に寄与することとなる。

以上，見てきたとおり，情報通信と経済成長とを結ぶ「経済力」の経路はかなり強固な道であるが，日本はその経路を 1995 年以降に十分生かしきれてこなかった。したがって，今後の成長戦略においては，この経路を明確に意識し，これを強化するための資源配分が求められよう。

---

6) 国連開発計画（UNDP）が毎年作成している指数で，国会議員や管理職などにおける女性の割合や男女の所得格差などから算出されている。なお，2010 年からジェンダー不平等指数に変更されている。

3.「知力」の経路

(1) 理論的考察

経済学の伝統的な経済成長論では，理論面やデータ面での制約もあり，主に資本と労働の投入に注目し，それ以外の要素はやや軽視されてきた。これは，農工業社会を念頭に置いた経済成長を説明するうえでは特に問題ないかもしれないが，経済のサービス化や情報化の進展によって高付加価値型の知識経済への移行が進むにつれ，道路や建物といった物理的な資本のみならず，教育・人材や知識・情報といった無形の「知的資本」を考慮する必要があると考えられるようになってきた。

そこで，経済成長率に影響を与える要因として，上述の生産性や生産要素以外に「知的資本」が一定の役割を果たすという前提で，知的資本を通じた成長への影響を「知力」の経路として検証してみよう。

知識や情報といった知的資本は，施設や設備などの物理的資本と異なり，誰でも同時に利用できるとともに，他人の利用を完全には排除できないという意味で公共財的な側面が強い。このような特徴を「外部効果」と呼ぶが，外部効果の高い知的資本に投資を振り向ければ，その蓄積の効果が広く社会に波及するため，これを最大限に活用することで社会全体として持続的な成長が可能となる。イノベーションを中心とした知的生産活動が成長のエンジンとなる面で，知的資本を考慮した経済成長モデルは今日の知識経済のメカニズムをより的確に説明する理論となる。

この経路において，情報通信が知的資本の蓄積に寄与する具体的な方法としては，たとえば以下の事例が挙げられる。

⑴ 教育・人材

情報通信を活用した教材の導入や遠隔教育の普及によって，就学率・進学率や生涯学習の参加率が高まり，教育効果が向上する。

⑵ 知識・情報

インターネットなどのネットワークを通じたデータの共有が進み，誰でも簡単に世界中の知識・情報を利用できるようになる。

（2）実証的考察

知的資本と経済成長との関係については，労働経済学や経済成長論の先行研究の中で広く取り組まれており，「教育・人材」の面での知的資本の蓄積が経済成長にプラスに寄与するというコンセンサスが形成されている。たとえば，知的資本として国連開発計画が作成している教育水準指数[7)]をとれば，一人当たりGDP[8)]との間に正の相関が見られる。一方，「知識・情報」の面での知的資本と経済成長との関係については，知識・情報の量を計測することが困難であることから先行研究は限られるが，たとえばイノベーションに必須となる科学技術知識のおおまかな代理変数として科学技術文献数をとると，一人当たりGDPとの相関関係が認められる。

それでは，情報通信と知的資本との間にはどのような関係があるのだろうか。インターネットやタブレット端末などを利用した遠隔教育の普及により就学者の裾野拡大につながるほか，デジタル教科書や電子黒板などによる教育効果の向上によって教育水準を効果的に引き上げることが可能と考えられる。一方，インターネットや企業内LANなどのネットワーク化が進み，検索サイトで瞬時に求める情報が得られるようになったことで知識や情報の共有が飛躍的に進化し，「外部効果」による恩恵をより簡単に受けられるようになったことは，皆が実感していることだろう。

7）国連開発計画（UNDP）が毎年作成している指数で，各国の成人文盲率と初等・中等教育の就学率から算出されている。なお，先行研究では，教育水準として識字率，就学率，教育年数などが利用され，類似の結果が得られている。

8）正確には，第1節で考慮した成長に影響を与える要素（生産性，資本，労働）をコントロールした後の，一人当たりGDPの残差である。以下，3.（2），4.（2）においても同様である。

たとえば，上述の教育水準指数や科学技術文献数とICT関連指標（インターネット普及率，ICT競争力指数など）との関係を分析すれば，いずれも正の相関が認められる。したがって，さらなる実証研究や事例研究が必要ではあるものの，情報通信の利用は，「教育・人材」や「知識・情報」と密接な関係があり，知的資本の蓄積を高める方向に働くことが示唆される。

以上より，情報通信が知的資本の蓄積を通じて成長へ寄与するという「知力」の経路は有効に機能しており，「経済力」の経路とともに重要な役割を果たしていると考えられる。今日の知識経済時代では，知的生産活動が成長の原動力となる傾向が強くなっており，この経路の重要性が一層増していくこととなるだろう。ただし，知的資本の蓄積は一朝一夕に実現できるものではない。この経路は成長のための即効薬ではなく，基礎学力を高めるような中長期的な努力があって初めて実を結ぶものと認識すべきである。

4.「社会力」の経路

（1）理論的考察

近年の経済成長論では，前節の「知的資本」に加え，ソーシャルキャピタル（社会関係資本[9)]）と呼ばれる国や地域社会の安心や信頼，ガバナンスの成熟度といった要因が経済成長を左右する可能性に関心が高まっている。そこで，本節ではこの「社会関係資本」による成長への影響を，「社会力」の経路として考察してみよう。

「社会力」の経路は，情報通信の利用による社会関係資本の蓄積を通じ

9）米国の政治学者ロバート・パットナム（1993年）によれば，ソーシャルキャピタルとは，「人々の協調行動を活発にすることによって社会の効率性を高めることのできる『信頼』『規範』『ネットワーク』といった社会組織の特徴」をいう。詳細は，たとえば内閣府「ソーシャル・キャピタル：豊かな人間関係と市民活動の好循環を求めて」（2002年）を参照。なお，先行研究では，社会関係資本は信頼や規範といった地域社会の紐帯に着目することが多いが，ここでは，広義の社会関係資本として，地域社会の紐帯とガバナンスの双方を含めることとした。

た成長への寄与である。社会関係資本の具体的内容としては，ここでは広く，私たちの生活の基盤となる国や地域社会の「質」を示すものとする。具体的には，地域社会の紐帯（信頼，規範，ネットワーク），ガバナンス（組織や制度，社会などの統治）の２分野を考慮する。

社会関係資本の特徴は，知的資本と同様に「外部性」が高いことや，市場で取引することが困難な社会の安心感や信頼感，透明性や公平性などの文化的・社会的側面が強い点である。このような要素は計測が困難であるが，これまでの研究事例では，何らかの代理変数を利用して実証分析を行うと，経済成長に少なからず影響することが知られている。

この経路において，情報通信が社会関係資本の蓄積に寄与する具体的な方法としては，たとえば以下の事例が挙げられる。

⑴ 地域社会の紐帯
　インターネットや携帯電話での接触機会の増加を通じて地域コミュニティにおける紐帯が深まり，社会の信頼や安定が増す。

⑵ ガバナンス
　ウェブによる情報公開の促進やネット利用者による監視を通じて組織や制度の透明性が高まり，非効率な経済活動が排除される。

（２）実証的考察

社会関係資本のうち，「地域社会の紐帯」と経済成長との関係についてはさまざまな実証研究が取り組まれており，国際プロジェクトとして取り組まれている「世界価値観調査」による「人は信用できるか」という質問項目に対する各国の回答などを代理変数として，多くの研究で経済成長との相関関係が報告されている。実際に，この世界価値観調査における「信頼度」と一人当たり GDP 成長率との間には，正の相関が存在する。

また,「ガバナンス」と経済成長との関係についても多くの研究が取り組まれており，世界銀行が“Worldwide Governance Indicators”というサイトを通じて世界各国のガバナンスに関する指標を毎年作成して公表するなど，学術的な情報共有環境が整っている。たとえば，世界銀行作成の 6 つの指標[10]を単純平均した「(総合) ガバナンス度」と一人当たり GDP 成長率との間には正の相関が存在する。

それでは，情報通信と社会関係資本との間にはどのような関係があるのだろうか。まず,「地域社会の紐帯」のためには対面のコミュニケーションが重要であるが，ネットワーク上のコミュニケーションは対面の機会を減らし紐帯が弱まるという考え方と，対面の機会を補完するため紐帯は逆に強まるという考え方の双方が存在する。ICT は時間や場所の制約なく人とのつながりを確立・維持できるツールであり，スマートフォンなどで簡単に地域や友人などとのコミュニティづくりが可能となる一方で，携帯電話への過度な依存による孤立やいじめが家庭や学校で問題になるなどの負の側面も指摘されている。情報通信はその使い方によって，地域社会の紐帯にプラスとマイナスのどちらにも働きうると考えるのが自然であろう。

一方,「ガバナンス」についても，情報通信の利用が民主化や統治に有効な役割を果たすという考え方と社会秩序に危険をもたらすという考え方の双方が存在する。インターネットの普及により，情報流通が飛躍的に高まり，情報公開や説明責任が明確に意識されて政治・行政・企業の透明性や公平性が向上したことは直感的に理解できるだろう。一方，インターネット上の過激な言論がデモや報復などの脅威に発展し，社会の混乱や不安を招いた事例も実際に観察される。

以上のような情報通信と社会関係資本の関係を，データで分析してみよう。まず，地域社会の紐帯について，前出の「信頼度」はインター

10) 世界各国のガバナンスに関する 6 つの指標（1. 言論の自由と説明責任，2. 政治の安定・非暴力，3. 政府の効率，4. 規制の質，5. 法の支配，6. 汚職の監視）を世界銀行が作成している。

ネット加入率との間に正の相関がある。一方，ガバナンスに関して前述の「ガバナンス度」を使用した場合，同様にインターネットの加入率との間に正の相関が得られた。したがって，インターネットに代表される情報通信の普及は，「地域社会の紐帯」や「ガバナンス」といった社会関係資本の水準に対し，トータルではプラスの影響を及ぼす可能性が高いと示唆される。

情報通信から社会関係資本へ向けた因果関係の存在については，さらなる実証研究や事例研究に委ねる必要があるが，重要なことは，情報通信の利用が，社会関係資本に対してプラスの効果もマイナスの効果も包含していると認識したうえで，プラスを可能なかぎり高め，マイナスを最小化するような利用方法の知見や事例を蓄積し，社会に広く普及啓発していくことである。

このように，「社会力の経路」は，プラス面がマイナス面を大きく凌駕するための努力を前提としたうえで，「経済力」や「知力」の経路とともに，経済成長に対して重要な役割を果たすと考えられる。安心・安全を求める社会風土が強い日本においては，この経路を機能させることが特に重要と考えられる。政策的にも，この経路の存在を十分意識して，地域社会の紐帯を高めるためのICT利活用ルールの整備や，組織や制度のガバナンスを高めるための情報公開の促進など，社会関係資本の蓄積を加速化するような施策を重視すべきである。

5. おわりに

以上，情報通信と成長を結ぶ「経済力」「知力」「社会力」の3つの経路を見てきたが，知識や文化の側面も有する情報通信の豊かな潜在力を引き出すためには，イノベーションや投資といった「経済力」の経路のみならず，「知力」や「社会力」の経路を重視していくことが期待される。

近年のICTのトレンドとして「ビッグデータ」や「オープンデータ」が挙げられるが，「ビッグデータ」はユーザーの発信情報，携帯電話の位置情報，センサーによる計測データなどの膨大な情報を戦略的に活用すること，「オープンデータ」は官民の保有する情報を公開して誰でも利用できるようにすることを企図している。これらの取り組みは，爆発的に増え続けるあらゆる分野のデジタル情報を有機的に連携させて，公共財的に活用できるようにすることと理解できるが，これはまさに知的資本の蓄積を飛躍的に高めて「知力」の経路を強化する成長戦略と評価できるだろう。

また，facebookやTwitter，LINEなどのSNS（ソーシャル・ネットワーキング・サービス）の普及が著しいが，これらはソーシャルメディアと呼ばれ，ユーザーの投稿が災害時の救助活動につながったり，共感の連鎖がボランティア活動の展開やマーケティングへの活用を生み出すなど，社会の紐帯に大きな変化をもたらしている。また，2010～12年にかけてアラブ世界で発生した「アラブの春」と呼ばれる民主化運動は，ソーシャルメディアの活用が大きな役割を果たしたとされており，国家のガバナンスを左右するほどの潜在力を秘めていることが再認識された。このようなソーシャルメディアの経験は，社会関係資本の蓄積により「社会力」の経路を通じて成長に寄与する道筋を明らかにした一方で，一歩間違えば負の力を生み出す両刃（もろは）の剣であることも示唆しており，技術革新に歩調を合わせた社会全体での速やかなルール整備が不可欠となることを痛感させるものである。

引用・参考文献

(1) 総務省　平成21年版『情報通信白書』2009年
(http://www.soumu.go.jp/johotsusintokei/whitepaper/h21.html)
(2) 内閣府「ソーシャル・キャピタル：豊かな人間関係と市民活動の好循環を求めて」2002年
(3) EU KLEMS Project, *KLEMS Database*.
(4) Putnam, R. D. (1993), *Making Democracy Work*, Princeton Univ. Press.
(5) UNDP (2008), *Human Development Report* 2007/2008.
(6) WEF (2009), *The Global Information Technology Report* 2008-2009.
(7) World Values Survey, *Survey Data Files*.
(8) World Bank (2008), *Governance Matters* 2008.

学習課題

(1)「経済力の経路」「知力の経路」「社会力の経路」のそれぞれについて，情報通信の利用が成長に結びつく具体的ストーリーを考えてみよう。
(2) ソーシャルメディアの利用が社会関係資本の蓄積に対してプラスに働くよう，具体的な利用ルールの例を作ってみよう。

5 情報通信と地域再生

今川拓郎

《学習の目標》 日本は光ファイバー網などの情報基盤の面では世界最高水準であるが，行政，医療，教育，農業など各分野での利活用が遅れている。情報通信技術（ICT）の利活用は地域のさまざまな課題を解決するための切り札であり，創意工夫次第で地域の活性化や安心・安全を実現できる。本章ではICTを活用した地域再生のモデルを概観し，持続性の確保や優良事例の横展開などの必要な取り組みを考察する。
《キーワード》 ICT競争力，ICT基盤，ICT利活用，課題解決，地域情報化，持続性確保，優良事例の横展開

1．ICT利活用の意義

（1）日本のICT競争力の推移

図5-1は，世界経済フォーラム（WEF）が毎年公表している「ICT競争力ランキング」の主要国の順位の推移を示したものである。日本の順位は2005年に8位まで上昇したが，2008年以降は20位付近に低迷している。フィンランドやスウェーデンなど北欧を中心に欧州勢が上位10か国中7か国を占めており，アジアでもシンガポールや台湾，韓国が上位にランクされ，日本はこれらの国・地域の後塵（こうじん）を拝する結果となっている。

（2）ICT基盤とICT利活用

ICT基盤については国際比較が可能な定量的なデータが豊富に存在す

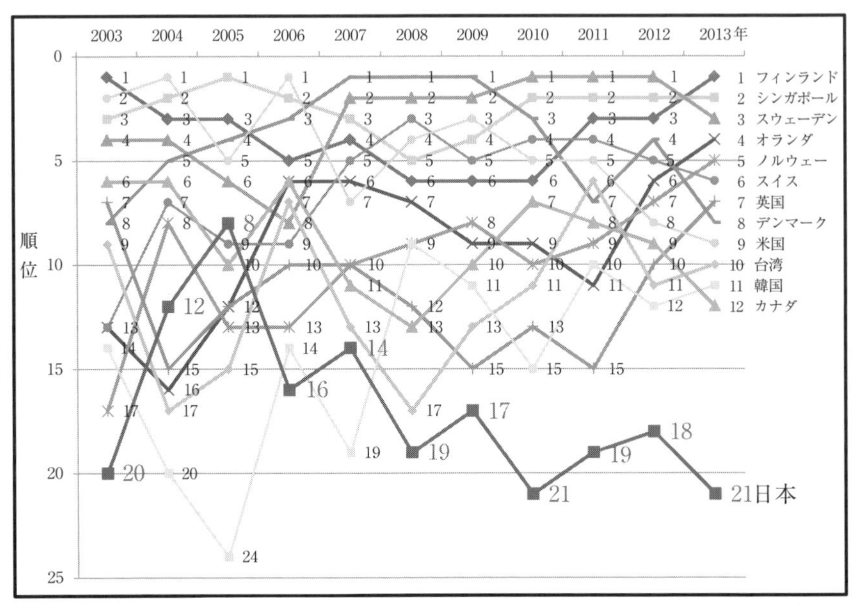

出典：世界経済フォーラム（WEF）「Global Information Technology Report」。横軸は調査公表時の年

図5-1　ICT競争力ランキングの推移

る。そこで，総務省平成21年版『情報通信白書』では，1．利用料金，2．高速性，3．安全性，4．モバイル度，5．普及度，6．社会基盤性の6分野12指標[1)]により，地域バランスを考慮した先進7か国（米国，英国，デンマーク，スウェーデン，シンガポール，韓国，日本）の偏差値評価を行っており，その結果は日本が総合1位となっている。

日本は特に，世界最高水準のブロードバンド網を有しているとの評価を得ている。図5-2は，ICT基盤の主な関連指標の国際比較を示した

1）各指標は次のとおり。1．利用料金（電話基本料金，ブロードバンド料金），2．高速性（光ファイバー比率，ブロードバンド速度），3．安全性（安全なサーバー数，パソコンのボット感染度），4．モバイル度（第3世代携帯比率，携帯電話普及率），5．普及度（インターネット普及率，ブロードバンド普及率），6．社会基盤性（インターネットホスト数，ICT投資割合）。

出典：総務省資料

図5－2　日本のICT基盤の国際比較

ものだが，日本は，光ファイバーサービスの契約割合や固定ブロードバンドの料金（単位速度当たり）の低さでOECD加盟国中1位，モバイルのブロードバンドでも第3世代携帯比率が100％と世界を大きく引き離している。

一方，ICT利活用の評価では日本は立ち遅れている。平成21年版『情報通信白書』では，利活用の10分野（1．医療・福祉，2．教育・人材，3．雇用・労務，4．行政サービス，5．文化・芸術，6．企業経営，7．環境・エネルギー，8．交通・物流，9．安心・安全，10．電子商取引）で上記7か国の評価を行っているが，その結果は日本が総合5位となっている。

日本は特に，公共分野での利活用が進んでいない。図5－3は，主な

診療所における電子カルテ導入率

	導入率
日本	20.9%＊1
オーストラリア	79～90%＊2
カナダ	20～23%＊2
ドイツ	42～90%＊2
オランダ	95～98%＊2
ニュージーランド	92～98%＊2
英国	89～99%＊2
米国	24～28%＊2

【出典】＊1 日本：2011年10月時点
厚生労働省大臣官房情報統計部「医療施設調査」（2011年）
＊2 海外：2008年時点
International Journal of Medical Informatics, Vol.77, Issue 12, Dec. 2008

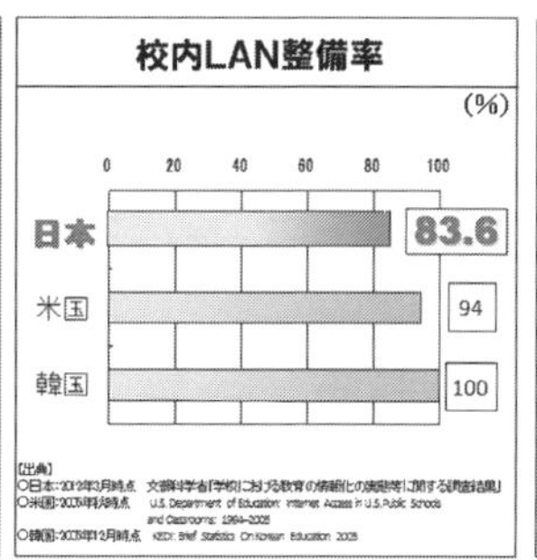

出典：総務省資料

図5－3　日本のICT利活用の国際比較

公共分野におけるICT利活用の国際比較を示したものだが，医療（電子カルテ導入率），教育（校内LAN整備率），電子政府（電子政府発展指数）の各指標で，日本は大きな後れをとっている。

ICT基盤は世界最高水準を誇りながら，ICT利活用は公共分野を中心に大きく引き離されている。せっかくの宝を使いこなせていない日本のこの姿が，前述の「ICT競争力ランキング」で21位に沈んでいる主因である。

（3）課題解決のためのICT利活用

「失われた10年」を経て閉塞感の強い低成長時代に突入した日本は，少子高齢化という構造要因がもたらすさまざまな課題に直面することとなった。特に地方では，過疎や超高齢化，地場産業の停滞，雇用不安，医療・介護のサービス低下，エネルギー不安，大規模災害対応など，多くの地域課題を抱えるようになっている。

2000年代初期のICT利活用は，2001年に国が策定した「e-Japan戦略」の「e」の言葉に象徴されるように電子化促進の視点が中心で，幅広い分野での電子化を推進し，電子化の遅れた分野を底上げすることに比重が置かれていた。しかし，近年のICT利活用は，地場産業の活性化，高齢者医療の効率化，子供・高齢者の見守り，老朽化した社会インフラの監視，災害に強い街づくりなど，地域にふりかかる多くの課題を解決することに主眼がシフトしている[2)]。ICTはさまざまな目的に応用できる万能な「道具」であり，地域が抱える固有の課題をICTの徹底活用によってきめ細かく解決していくことが期待されるようになっている。

ここでは，地域の課題解決に役立っているICT利活用の具体例を2つ紹介しよう。

2）総務省のu-Japan政策（2004年12月）において，ICT利活用を「情報化促進から課題解決へ」進化させることが初めて提唱されている。

(1) 地場産業の活性化

徳島市中心部から車で約1時間，総面積の85%を山林が占め，人口約1800人，高齢者比率約50%という過疎化と高齢化が進む徳島県上勝町。そんな小さな町が，70〜80歳代の高齢者が中心となって生産する「葉っぱ」を販売することで大成功し，ICTを活用した地域活性化の成功モデルとして全国に知られる存在となっている。

上勝町では，ICTを活用して生産者，情報センター，農協をネットワークで結び，受発注情報，全国の市況情報などを迅速に共有することで，生産者が互いに競争しながら，日本料理の演出用の「ツマモノ」をタイミングよく全国市場に供給する「葉っぱビジネス」を確立した。高齢者が社会参加してこのビジネスを展開することにより，売上高が平成18年に2億7000万円に達するとともに，高齢者一人当たりの医療費が県内でも最低レベルの年間60万円強にまで減少し，在宅の寝たきり高齢者がゼロとなった。タブレット端末を抱えたお年寄りが年収1000万円を稼ぐこともあるという。この地域再生の物語は，「人生、いろどり」

図5-4 「人生、いろどり」の映画ポスター
©2012年「人生、いろどり」製作委員会

のタイトルで映画化もされている（図5 - 4）。

⑵ 高齢者医療サービスの効率化

「健康」ならぬ「健幸」をまちづくりの基本に据えた新しい都市モデル「Smart Wellness City」。そんなコンセプトが首長のネットワークの間に広がっている。

高齢化や過疎化が進む地域では，住民向けの医療サービスを確保することが喫緊の課題であり，遠方の医師との相談が受けられる遠隔医療や地域単位で医療情報を共有する地域医療連携など，医療の情報化の取り組みが先進的な地域で実施されてきた。しかし，年々増大する医療費に歯止めをかけるには，生活習慣病などの慢性疾患の「予防」を確実に行い，病気にならないようにすることが，より効果を発揮する。

新潟県見附市は，健幸まちづくりを目指す「Smart Wellness City 首長研究会」のメンバーとして，筑波大学などの指導のもとに健康づくり事業を実施している。特に，ICT システムを活用した健康運動教室を推進し，個人の身体状況に合った個別メニューの策定，ウォーキングなどの運動実績や個別アドバイスを含む実績レポートなどを提供し，市民の継続参加を実現しているのが特徴的である。この事業に参加した高齢者は，体力年齢が平均 4.5 歳若返り，医療費も年間 10 万円程度低くなるという成果が得られたという。さらに，同研究会に参加する複数の自治体が主体となって，地域住民のレセプトデータや健診データをクラウドで一元化し，データに基づく健康づくり施策の推進などに役立てるといった取り組みも進んでいる。

2. 地域における ICT 利活用

（1） 地域情報化の系譜

前節で，2000 年以降の ICT 利活用が電子化促進から地域の課題解決にシフトしてきていることを説明したが，地域におけるICT利活用は，実は1980年代から取り組まれてきた「地域情報化」を由来とする歴史のある政策体系である。地域情報化とは，1980年代以降，新たに登場した情報通信メディア（ニューメディア，マルチメディアなど）を地域振興に利用しようとする政策の総称であり，旧郵政省を中心に旧自治省，旧通商産業省，旧建設省などと連携して取り組まれてきたものである。

政策目標としては，新たな情報通信メディアの基盤整備による地域間情報格差の是正をベースに，その基盤の利活用を通じた地場産業や地域コミュニティの活性化，情報通信産業の誘致，地域の医療や福祉の充実，学校教育や住民のリテラシーの向上，地域による情報発信の強化などが代表的である。

政策手法としては，情報通信メディアを活用した地域づくりの基礎となる計画[3)]を策定し，モデル地域を指定したうえで，予算，税制，財政投融資などの各種優遇措置を集中的に投下する施策が中心であった。

その後も，ICTの技術革新に応じて，ケーブルテレビ，インターネット，ADSL，光ファイバー，携帯電話，スマートフォン，衛星放送，地上デジタル放送，SNS（ソーシャル・ネットワーキング・サービス）など新たなメディアが次々と登場する中で，情報通信の機能を高めることで地域の振興を図る政策理念が受け継がれている。

（2）地域情報化施策の近年の動向

近年の地域情報化政策は，「ネットワークの整備」「ICT利活用の促進」「人的基盤の充実」の3つを柱に取り組まれている。「ネットワークの整備」については，ブロードバンド（3.5世代携帯電話を含む）の利用可能世帯率がすでに100%に到達し，超高速ブロードバンド（光ファイバーなど）の利用可能世帯率も99%を超えるなど，地域間格差の是

3）旧郵政省が1983年以降に推進した「テレトピア構想」が代表例である。

正が進展したため，離島や東日本大震災における被災地のネットワーク復旧などを除き，ほぼ一段落した状況にある。

一方，「ICT 利活用の促進」については，世界最高水準の ICT 基盤を生かし，引き続き地域の課題解決に向けて取り組む必要がある。これまで，各地域で「医療・介護・福祉」「防災・防犯」「就労支援」「地場産業・農業・観光」などの各分野で，先進的なモデル事業が数多く実施されてきているが，これらの成果を踏まえて確実に実運用に結びつけるとともに，未実施の地域への普及展開を進めることが重要である。特に，東日本大震災の教訓を踏まえ，防災分野における ICT 利活用について，重点的な普及活動が求められる。また，技術革新の進展を踏まえ，最新技術を活用した先進的なモデル事業に引き続き取り組むとともに，社会保障・税番号制度の開始に伴う電子自治体システムの整備を遺漏なく進めていく必要がある。

「人的基盤の充実」については，継続的に取り組む必要のある課題であり，地域に対する専門家の派遣などのサポートや ICT 人材の育成などの地道な施策をていねいに進めることが必要である。

（3）地域情報化の課題

地域情報化を進めるうえで，先進的な地域はモデル事業を活用してさまざまな ICT 利活用の取り組みを実施しているが，全国的に見た場合，それが必ずしも広がっていない面がある。平成 25 年版『情報通信白書』によれば，ICT を活用した街づくりについて自治体に調査したところ，「関心はあるが特段の取り組みは行っていない」との回答が実に 6 割に達している。図 5 - 5 は，地域情報化の課題を示したものだが，具体的な行動に移せていない理由として，厳しい地方財政事情を反映した予算上の制約を筆頭に，利用イメージ・効果の見える化，人材不足，共通利

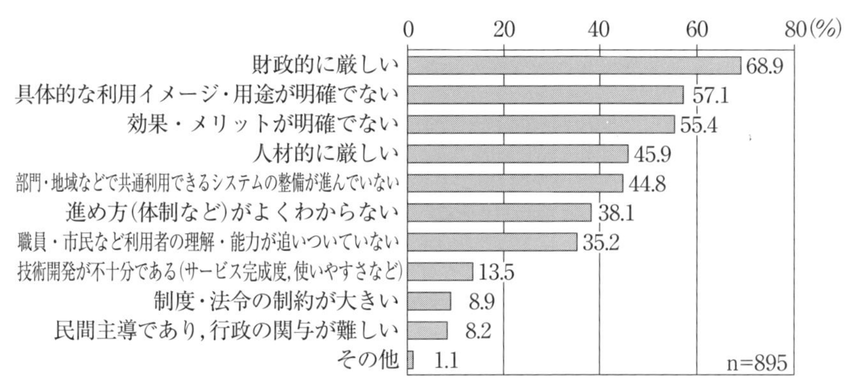

出典：総務省　平成25年版『情報通信白書』

図5－5　地域情報化の課題

用できるシステムの整備などが挙げられている。

(4) 息の長い地域情報化

ICT利活用を促進するためのモデル事業については，モデルとして実施したプロジェクトの持続性をどう確保していくかが重要である。

持続性を確保し，地域に根ざした「息の長い地域情報化」を実現するための課題は何か。「ヒト」「カネ」「モノ」「チエ」の4つがキーワードになると考えられる。

まず「ヒト」については，地域情報化の成功事例には必ず有能で熱意のあるキーパーソンの存在がある。しかし，そのキーパーソンが自治体の職員であれば異動したり，アドバイザーなどの形で外部から招聘(しょうへい)されていれば任期終了となったり，地元の有識者でも引退や転居といった形でキーパーソンが不在となり，それを境に急速に機運が失われてしまうという事例が見られる。そういった場合の対応策として，後継者が育成されているか，チームプレーに移行できているか，自立的に機能する仕掛けがビルトインされているかなどの点が重要となる。

第2の「カネ」については，持続的に実運用できている事業は，初期には国の補助金などの外部資金を活用したとしても，事後の運営費も計画的に確保されている。運営費は自治体で予算化されていたり，協議会などの形を通じ関係者間で負担されていたり，システムの利用料や広告料などの収入で賄われたりとさまざまなケースがあるが，単に画(え)に描いた餅ではなく，確実に財源が見込めることが必須の要素となる。

第3の「モノ」については，住民によく利用されるシステムは，汎用的な軽いシステムで，ニーズの変化に応じて柔軟に改修できるものが多い。一方，持続が困難となる事業に多いのは，レガシーシステムやベンダー・ロックインなどと呼ばれる汎用性の低い作り込みシステムを導入し，システム間連携の機能が欠けたり，将来の保守費が高くつくなどの理由により，後々，地元が困ってくるようなケースである。したがって，システム調達の際に業者に過度に依存せず，調達責任者が十分に調査して丹念に設計した仕様を策定することが鍵となる。

最後の「チエ」については，軌道に乗る事業は，仮に当初の計画や目標が達成できなかったとしても，たえず細かい工夫を繰り返して，それを乗り越えているケースが多い。ユーザーの需要調査を定期的に行ったり，他地域の成功事例を調査したり，外部のアドバイザーの助言を求めたりといった不断の努力や改善が内在している。

たとえば，高齢者世帯に行政情報の告知端末を配布する事業があったとして，うまくいく事業は端末を設置する際に民生委員などが同行して，使い方をていねいに辛抱強く説明する。最初はもの珍しくて利用してもらえるが，そのうち飽きられてしまうので，一日一回は必ず触れてもらうために，お年寄りの関心を呼ぶ映像を毎日配信したり，近隣と競い合う仕組みを入れるなど，ユーザーの声を聞きながら少しずつ手を加えていく。そのような細かい工夫を日々積み重ねることがきわめて重要である。

以上の4点は，特別なノウハウというわけではなく，誰でも思いつくような当たり前の要素であると考えられるが，プロジェクトを実施する地元が，いかに熱意を持ってこれらの要素を満たせるかが，息の長い地域情報化のポイントとなろう。

（5）優良事例の横展開

各自治体で取り組まれたICT利活用のモデル事業からは，さまざまな成果がすでに得られている。インターネットやスマートフォンなどのツールは人々の暮らしの隅々に定着し，地域でプロジェクトに取り組む際にICTを使うことは当たり前となっている。このような時代にあっては，先進的な取り組みとして得られた優良事例を，まだ取り組みを行っていない地域に横展開し，広く普及させていくことが重要である。

この地域情報化の優良事例の横展開の課題は何か。「息の長い地域情報化」と同様に，「ヒト」「カネ」「モノ」「チエ」の4点で整理してみよう。

まず「ヒト」について，優良事例の横展開には地域を超えて普及に励む「伝道師」が必要となる。横展開の際には，先進的なモデル事例と異なり，補助金などの外部資金なしに自主財源で取り組む必要があるが，伝道師が事業の利点や効果を啓発し，ノウハウを伝授し，有形無形のサポートを行う必要がある。こうした活動を支援する施策として，この伝道師の資格認定や派遣制度の整備などが必要となる[4)]。

第2の「カネ」について，横展開しやすいモデルは財政難の自治体でも予算化しやすい事業でないと難しい。そのためには，安価で（ときには無料で）導入でき，事後の運営費も低廉となるシステムが必要とな

4）総務省では「地域情報化アドバイザー」を認定し，地域からの申請に応じて派遣する制度を実施しており，2013年度では約170件の派遣実績となっている。

る。また，事業の効果として住民の利便性や福祉の向上といった点が明確であれば，自治体が予算計上するうえでも理解が得られやすく，円滑に普及が進んでいくことが期待できる。

第３の「モノ」については，最初から横展開を念頭に置いたオープンで汎用性の高いシステムの開発に取り組むことが必要である。そのうえで，クラウド技術を活用して複数の自治体での共同利用を進めたり，地域ごとに少しずつ異なる課題に対処できるカスタマイズが容易な設計となっていることが重要である。

最後の「チエ」については，優良事例のノウハウに触れて，「関心はある」から，一歩進んで「やってみる」へ踏み出すための後押しが必要である。そのためには，まねたくなる優良事例を全国的に有名にし，そのノウハウが容易に検索・入手できるような情報共有のプラットフォーム[5)]を整備することが有効であろう。

これまで取り組まれてきたモデル事業の中でも，横展開が進んでいる事例は少なくない。たとえば，観光分野で観光情報のクラウドモデルの普及が進んでいる。これは，地域の公共および民間の保有する観光情報をオープンデータ化し，サイト上で容易に周遊ルートを計画したり，移動地点での地域の観光情報を携帯電話に表示し，スタンプラリーを可能とするなどの付加価値を提供することにより，地域資源の露出・接触機会を促して効果的に観光客を呼び込むシステムである。もともと青森県の五所川原市で開発された先進モデルだが，青森県内の各市町村も含め，全国各地への普及展開が進んでいる。このシステムは，普及に努める伝道師が存在するとともに，自治体が無料で共同利用できるなどの利点[6)]がある。

また，救急医療の分野でも救急患者の搬送支援システムの普及が進ん

5）総務省のホームページに，優良事例の動画や過去の地域情報化のモデル事例が検索できるデータベースを公開した「地域情報化の推進」サイトを整備している。

6）ただし，自治体はデータを整理して提供するとともに，日々のイベント情報などのデータ更新を丹念に行う必要がある。

でいる。これは，救急車にタブレット端末を配備し，搬送支援機能を有する救急医療情報システムを構築し，病院の搬送受け入れの可否，患者の画像診断などの情報を関係者で共有することにより，患者を迅速に診断・搬送するものである。もともと佐賀県で開発された先進モデルだが，全国各地への普及展開が進んでいる。このシステムも，普及に努める伝道師が存在するともに，救急患者の搬送時間の短縮や特定病院への搬送集中軽減などの効果が明確に実現しているなどの利点がある。

さらに，防災分野でも災害情報の一斉配信システムの普及が進んでいる。これは，避難指示・勧告などの緊急度の高い情報や，災害発生時の被害状況や避難所情報など，各種の災害情報を集約・共有し，テレビ，ラジオ，携帯電話，インターネット，サイネージ，カーナビなどの多様なメディアを通じて一斉配信するシステムである。もともと兵庫県や静岡県で導入された先進モデルだが，全国各地への普及展開が進んでいる。このシステムは，「L アラート（災害情報共有システム）」という全国の自治体が無料で共同利用できる災害情報伝達の共通基盤が存在するとともに，住民へ災害情報を確実に伝達するという効果が明確に実現しているなどの利点がある。

3. おわりに

日本は，世界に先駆けて超高齢化が進み，これに伴うさまざまな社会的課題に直面する「課題先進国」である。日本にふりかかってくる課題を ICT の利活用によって解決するシステムを実現すれば，同様に少子高齢化を迎えるアジアなどの世界各国でも応用可能なものとなるだろう。地域課題の解決に向けて立ち遅れている ICT 利活用に挑戦していくことは，地域活性化に貢献するだけでなく，国際貢献にもつながるものでもあることを心に刻んでおきたい。

引用・参考文献

(1) 総務省　平成 21 年版『情報通信白書』2009 年
(http://www.soumu.go.jp/johotsusintokei/whitepaper/h21.html)
(2) 総務省　平成 25 年版『情報通信白書』2013 年
(http://www.soumu.go.jp/johotsusintokei/whitepaper/h25.html)
(3) 総務省「u-Japan 政策〜2010 年ユビキタスネット社会の実現に向けて〜」2004 年 12 月
(4) WEF, *The Global Information Technology Report*.

学習課題

(1) 日本において，医療，教育などの公共分野における ICT 利活用が進んでいない理由を考えてみよう。
(2) 総務省の「地域情報化の推進」サイトなどを参照し，自分の地元の近くにどのような優良事例があるか，調べてみよう。

6 スマートICT社会

下條真司

《学習の目標》 インターネットには，私たち人間以外に車，電力メーターといったセンサーがつながるようになった。センサーから時々刻々送られてくる大量の情報を分析することによって，エネルギー消費量を減らしたり，交通渋滞を減らしたりといったことが行える。いつでも，どこでも誰とでも情報がやり取りできるユビキタスネットワーク社会が進展し，これらの端末やセンサーから集められるさまざまな情報，いわゆるビッグデータを分析することで，より「スマート」な社会が実現されつつある。本章では，ユビキタス技術をはじめとするさまざまな情報通信技術がスマートICT社会を実現する方法を解説し，その課題を探る。

《キーワード》 サイバーフィジカルシステム，IoT，P2P，スマートグリッド

1．スマートICT社会

ここでは，ユビキタスという概念が発展し，スマートICT社会を実現するに至った過程，その技術要素を俯瞰(ふかん)することにする。

(1) ユビキタスコンピューティングの変遷

ユビキタスとは，Xerox PARC研究所のMark Weiser[1)]博士が提唱した概念であり，日本人にとっては八百万(やおよろず)の神々のようにコンピュータがどこにでもある世界，といったほうがわかりやすいかもしれない。今やクーラーや電子レンジをはじめ，ありとあらゆるものにマイコンが装備されている時代となり，むしろコンピュータが入っていないものを探

1) http://www.ubiq.com/weiser/

すほうが難しい。その意味で，ユビキタスコンピューティングは，calm（静かな）computingとか，pervasive（浸透する）computingとも呼ばれている。

ユビキタスが提唱されてから10年後の2001年に，わが国では総務省において「ユビキタスネットワーク技術の将来展望に関する調査研究会」（座長・齊藤忠夫）が，立ち上がった。その結果，u-Japan戦略においてユビキタスネットワーキングが推進されることになった。しかし，ユビキタスネットワーキングによって推進された世界はいわゆるブロードバンド社会であり，世の中のさまざまなサービスが各家庭とつながって，人々がディジタル社会の恩恵を享受する世界である。つまり，人々は，ブロードバンドを使って自らさまざまな情報にアクセスする必要がある。今や，携帯電話やスマートフォンが発達し，まさにユビキタス環境が実現できているようにも思える。ただ，現在の私たちの環境をユビキタス環境と呼ぶには，2つの重要な点が欠けている。それは，

1. コンピュータを備えた機器やセンサーが直接相互につながって情報をやり取りしている。
2. 機器が私たちやその置かれた環境などの情報を得て何らかのサービスを人間に提供する。

である。たとえば，クーラーが部屋の温度をセンサーによって知っていたとしても，そのことを利用して暑いからカーテンを閉めるといったことはインテリジェントな機器が相互につながって初めて可能になる。また，会議中は携帯電話が自動的にマナーモードになるなど，周りの状況を機器が知っていることによって，より高度なサービスを行うことができる。これをコンテキストアウェアネスと呼んでいる。

つまり，本来のユビキタスコンピューティングとはむしろ，現実社会のさまざまな情報をセンサーなどを介してディジタル社会に持ち込み，

人間に対して高度なサービスを行うというユーザー志向の流れであり，これが，スマートICT社会である。たとえば，「スマートグリッド」と呼ばれるサービスは各家庭の電力量をきめ細かくモニターし，それを利用して効率的な電気の使い方を実現したり，社会全体のエネルギー消費量を押さえることも可能にする。

(2) スマートICTの構成要素

ユビキタス社会を実現する「スマートICT」の構成要素を挙げると，図6-1のようになる。さまざまなセンサーとそれらを結びつけるネットワーク，情報を集約するクラウドからなる。主として，センサーの部分をユビキタスネットワーク，クラウドで構成される部分がビッグデータである。たとえば，医療の世界では，体温や脈拍などさまざまなバイタルセンサーからの情報をBluetoothなどのユビキタスネットワークを通じてクラウドに集約する。このデータは各個人のきめの細かいケアに役立つとともに，各患者のデータを分析することによって，よりよい医

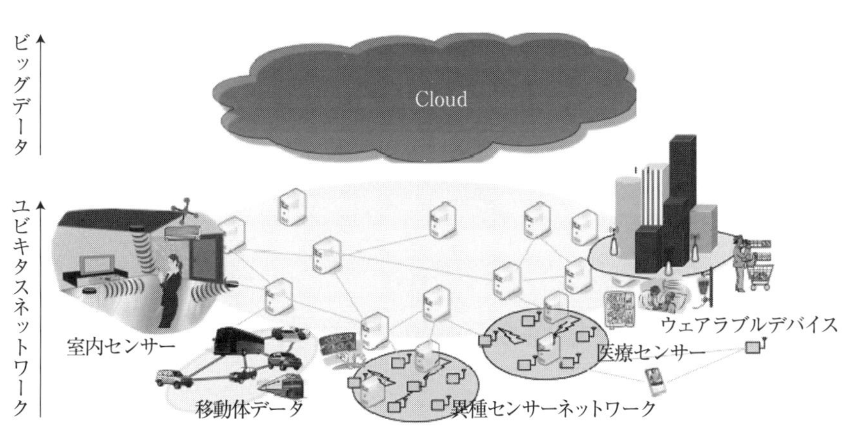

図6-1　スマートICTの構成要素

療サービスの向上へと利用することができる。これが，ビッグデータを通じたスマート化である。つまり，スマートICT社会とは，ユビキタスネットワークで接続されたさまざまなセンサーやデバイスからクラウドに収集された情報をビッグデータとして分析することによって，よりスマートなサービスが再びスマートフォンやタブレットなどのデバイスを通じて私たちに提供される社会である[2)]。さらにそれらのサービスが，室内の空調や照明を制御することで提供される場合もある。すなわち，スマートICT社会の構成要素は以下のようにまとめることができる。

1. いつでも，どこでも，誰とでもつながるネットワーク技術。
2. 物や細かい位置のレベルでIDやさまざまな情報を取得することが可能になるRFIDのような電子的なID技術やセンサー技術。
3. 物レベルの情報をネットワークを介して，クラウド上で集約や統合することで人や物の時々刻々の位置や状態の変化を細かくとらえることができ，利用することができるサービス技術。

1. は無線技術の発達による携帯電話や無線LANなどさまざまな端末を接続するサービスが広がり，ブロードバンド社会の結実として実現されている。2. は現在，さまざまに高度化する携帯電話，スマートフォンやセンサーネットワークに利用されている。3. はスマートなサービスがさまざまに開発されている。

このようなスマートICT社会の概念は，従来IoT (Internet of Things) やM2M (Machine to Machine)，CPS (Cyber Physical System) と呼ばれていたものを，より広くとらえたものであるといえる。

2. さまざまなユビキタス関連技術

ここでは，ユビキタス関連技術をいくつか取り上げてみる。

2) 総務省　平成25年版『情報通信白書』2013年

(1) スマートフォンに見るユビキタス技術

いわゆるガラケー（ガラパゴスケータイ），従来の携帯電話から急速にスマートフォンが普及しつつある。これらのスマートフォンは前節のユビキタス端末としてのさまざまな機能を備えつつある。すなわち，今やWi-Fi，3G両方に対応し，いつでもどこでもつながりつつある。ワンセグ機能により，ディジタル放送からの情報も受信する。センサーとしても，GPS，ジャイロ，コンパスを備え，自らの位置，方向，動きまでを知ることができる。また，お財布ケータイのようにRFIDの機能を備えたものもあり，物としてのIDの機能も持つ。

(2) 物を識別するRFID

RFID（Radio Frequency IDentification）とは，識別情報を蓄えたICチップの情報を，無線あるいは電磁誘導により読み出すものである。カードのほか，ラベルやシールなどさまざまな形態をとることができ，また，非接触で同時に複数の物につけられたタグを読み取ることもできるため，流通業における荷物の識別や，個人の識別などに用いることができる。ICチップ（図6-2）のセキュリティ機能により，対応するリーダでないと正しく情報を呼んだり，書き込んだりできないという耐タン

図6-2　日立のu-chip（シールタグ）
（http://www.hitachi.co.jp/Prod/mu-chip/jp/product/2005001_13904.html）

パー性[3]を持つ。リーダに近づけることで読み取ることのできるパッシブ型と，電池を内蔵し自ら電波を発するアクティブ型に分けることができる。

（3）位置情報検出手法

ユビキタスネットワークにおいて，端末を持っている人々や置かれているセンサーノードの位置を時々刻々知ることは重要である。これにより，その場で役に立つ情報を提供するサービスや位置を追跡するサービスを行うことができる。ここでは，いくつかの位置情報検出手法を俯瞰（ふかん）してみる。

GPS（Global Positioning System）はカーナビにも用いられている最も一般的な位置情報検出システムといえるだろう。4つの衛星からの電波を受けることにより，端末側で位置を知ることができる。衛星さえ見えていれば，10 m 程度の誤差で位置を知ることができる。しかし，GPSは衛星の電波がとらえられない地下や室内では用いることができない。また，見ている方向などの向きを知るためには，コンパスなどの補助が必要である。

GPS以外の位置情報検出としては，たとえば，携帯でよく用いられている携帯の基地局の位置を用いたものがある[4]。これは，携帯端末においてGPSの機能を必要としないが，携帯の電波を受けている必要がある。

これらとまったく異なる方式として，昨今普及してきた無線LAN（いわゆるWi-Fi）の基地局の位置情報から推定する方法がある。これは，無線LANの基地局の位置，BSSIDと呼ばれる固有ID，電波強度などを登録したデータベースを用意しておき，無線LAN端末が，この

3）耐タンパー性とは，外部からカード内の情報を読み出そうとする行為に対して，ソフトウェアやハードウェアでの防御対策のことをいう。

4）神谷 泉「測位技術の調査とICタグ，UWBの測位への応用」国土地理院時報（2005年，106集）

データベースを検索することで位置を推定するものである。GPSとは異なり，衛星電波が届かない地下や室内でも用いることができる。このような屋内での位置測位技術が，地下や室内でも用いることのできる効果は絶大であり，地下街でのショッピングやレストランガイド，美術館での案内などに用いられている。そのため，スマートフォンにさまざまなプロモーション情報を送信することでお店が客を呼び込むO2O（Online to Offline）マーケティングとして注目されている。

ほかにもGPSと組み合わせたIMES（Indoor Messaging System）やNFC（Near Field Communication）やBLE（Bluethooth Low Energy）を用いたibeaconなど，さまざまなものがある。これらの技術はスマートフォンと組み合わせて用いられるため，スマホ業界での競争にさらされている。

（4）さまざまなセンサー

ユビキタスネットワーキングでは，物や端末が，その置かれた状況を知ることも重要である。そのために，さまざまなセンサーが用いられる。スマートフォンにも，位置を知るためのGPSのほかに，端末の方向を知るためのコンパス，向きや傾きを知るためのジャイロセンサー，動きの大きさを知るための加速度センサーなどが組み込まれており，位置を知るだけでなく，たとえば万歩計などさまざまなアプリケーションに用いられている。また，センサー単体として駆動するものには，CO_2センサー，温度，湿度，気圧，雨量などを計測するセンサーもある。また，医療などでは心拍数，血糖値などをはかることができるバイタルセンサーもある。

（5）センサーネットワーク

センサー情報としては，携帯端末などで主として利用者にサービスをするアプリケーションに利用されるもののほかに，CO_2や温度，湿度などその周辺の状況を把握するために用いられるものも多い。このような場合，センサーは小規模なノードと呼ばれる端末に組み込まれ，それぞれの端末同士がその場でネットワークを無線などで形成する。このようなネットワークをアドホックネットワークと呼ぶ。また，センサーが形成するネットワークを広くセンサーネットワークという。Wi-Fiの場合には，基地局を介さず端末同士が直接無線を使って対話するアドホックモードというのもある。

（6）センサーネットワークの通信方式

センサー情報を交換する通信方式は，センサーそのものが小規模であることから，簡易で，また消費電力が少ない方法が求められる。

センサー情報を交換したり，集めたりする方法には2種類の方法が考

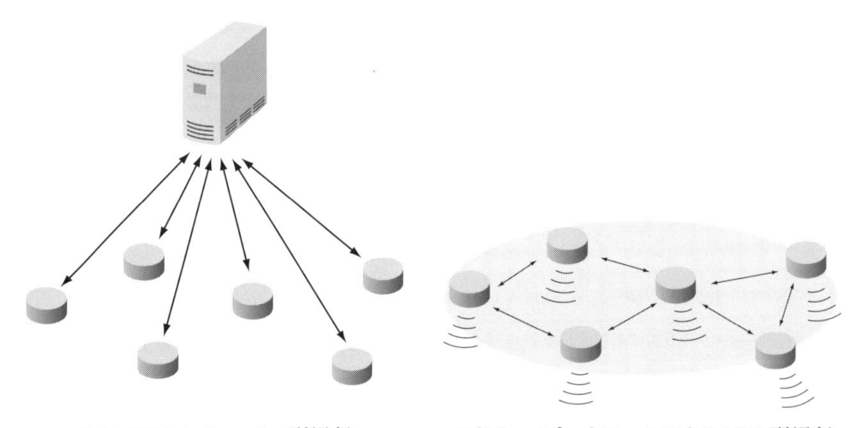

図6－3　クライアントサーバー型通信とP2P型通信

えられる。1つは，センサーからの情報を1つのサーバーに集約する方法である。一方，アドホックネットワークでは，センサー情報を持つノード同士が直接情報を伝え合う。直接つながっていない端末同士は，他の端末を介して情報を伝え合う。このような情報の伝え方をP2P（Peer to Peer）と呼んでいる（図6‐3）。アドホックネットワークにおいては，ノードが移動や電池切れなどによって，頻繁に離脱したり，参入したりする。そのため，各ノードは可能なかぎり自立的に他のノードと情報をやり取りするすべを確保しなければならない。

情報を単一のデータベースやサーバーに集約してアクセスする場合には，サーバーにアクセスすることで情報を検索することができるが，アドホックネットワークの場合，つながっている隣のノードを介して情報を検索する（フラッディングと呼ばれる）。サーバー集約型だと，ノード数が多くなると問い合わせが集中して処理に時間がかかるが，P2Pの場合には，各ノードに分散して問い合わせが行われるため，このようなことが起こらない。したがって，P2Pのほうがノードの移動や離脱に強い，自立的なシステムであるといえる。

3．スマートICT社会の実現に向けて

ここでは，スマートICT社会の実現に対する取り組みと課題についてまとめる。

（1）実証実験の取り組み

スマートICT社会の実現においては，実証実験がきわめて重要である。それは，以下のような理由による。

1. スマートICT社会を構成する技術は，ネットワーク技術から，ミドルウェア，アプリケーションに至るまでさまざまであり，かつ複

数の技術を組み合わせて利用する必要がある。そのすべてを1社が開発しているわけでもなく，したがって，技術を組み合わせたときの相互接続性，相互運用性などをチェックする必要がある。

2. スマートICT社会においては，利用者の位置情報，場合によっては年齢，嗜好（しこう）などのパーソナル情報プライバシーに関わる情報を扱う。たとえば，利用者の位置に基づいて，近くのレストランを推薦するといった場合，利用者の嗜好などの情報を出せば出すほど，質のよい推薦が行える。つまり，プライバシーとサービスの質はトレードオフの関係にある。したがって，どのようなサービスが受け入れられるか，どの程度のセキュリティが期待されているかなど，利用者の反応を見てサービスを作り上げる必要がある。また，クラウド化によって，日本で収集されたパーソナルデータが海外で蓄積されることも容易に起こりうるため，実証に基づいた国際的なルール作りも重要である。

そのため，さまざまな実証実験が国内外で行われている。欧州では，たとえば，Future Internet Research & Experimentation（FIRE）の一部としてSmart Santanderという取り組みが行われた[5]。ここでは，スペインのサンタンデール市にセンサーを設置し，データの収集および活用を行っている。米国でもUS Igniteとして町にブロードバンドを敷設し，その活用を行う政府プロジェクトが行われている[6]。わが国では，総務省により，平成24（2012）年度からICT街づくり推進事業が進められている[7]。また，政府のさまざまなデータをオープン化し，活用しようという「オープンデータ」の動きもICTの活用の後押しになっている。

5）http://www.smartsantander.eu/
6）http://us-ignite.org/
7）http://www.soumu.go.jp/menu_seisaku/ictseisaku/ict_machidukuri/index.html

（2）パーソナルデータの利用・流通の課題

わが国では，2005年に個人情報保護法が施行され，個人が特定できる5000件以上の情報を事業に利用する場合，主務大臣への報告や適切に保護されなければならないことがうたわれている。しかし，必ずしも住所や電話番号のような個人を特定する情報でなくても，携帯電話の位置情報やスマートフォンのセンサー情報など，特定の個人を識別することが可能になる場合がある。したがって，このようなパーソナルデータを利用する場合にも，プライバシーを侵害しないような十分な配慮が必要であり，利活用とのバランスをとる必要がある。すでに，欧米でもさまざまな法整備が行われつつあり，わが国でもIT戦略統合本部のパーソナルデータに関する検討会で議論が進んでいる[8)]。

ICTが身近になり，見えなくなるユビキタス技術だからこそ，人々の生活に密着し，へたをすると人々にとっての脅威や不安となる。見えなくなることを目指している技術だからこそ，信頼性，安全性，プライバシーに配慮するとともに，そのことを積極的に可視化し，説明して理解を得ること，安心してもらうこと，コンセンサスを得ることが重要である。

学習課題

(1) 位置を利用するサービスとしてどのようなものが実現されているか，調べてみよう。

(2) パーソナルデータの利活用について，よい面と悪い面を考えてみよう。

8）http://www.kantei.go.jp/jp/singi/it2/pd/

7 大学の情報化

児玉晴男

《学習の目標》 大学の教務の情報化と大学教育の情報化について，遠隔教育を推進する放送大学が取り組む事例を中心に，学生へのICT活用教育，学習環境，学習コンテンツの整備の試みについて紹介する。オンライン講義と単位認定とを連携させた仕組みの展開を考える。

《キーワード》 学習管理システム，学習環境，オープンコンテンツ，学習コンテンツ，ネット送信，大規模公開オンライン講義

1. はじめに

高度情報通信ネットワーク社会推進戦略本部の『新たな情報通信技術戦略』の「教育分野の取組」において，2020年までに，情報通信技術を利用した生涯学習の環境を整備することなどにより，すべての国民が情報通信技術（ICT）を自在に活用できる社会を実現するとの施策がある。そして，その具体的取り組みとして，公民館，図書館などの社会教育施設を活用し，放送大学，eラーニングなどによるリテラシー教育を充実させるなどにより，生涯学習の支援が推進されることが挙げられている。

そのためには，デジタル基盤を整備するとともに，先進的なネットワークを活用した遠隔教育や学習コンテンツを充実させる必要がある。本章は，全国の大学などに併設される学習センターと連携して，遠隔教育を推進する放送大学の取り組みを例に，大学の教務の情報化，学習環境の整備，オンライン講義の公開の試みについて概観する。

2. 大学の教務の情報化

大学の情報化の基盤となるものが，教務の効率化である。当然，教務の情報化は，各大学の規模によって多様性がある。教務の情報化は，大学の規模に合った項目による費用対効果の面，また十分な情報セキュリティに配慮して進める必要がある。

（1）大学の教務の情報化の動向

教務の情報化は，教育研究支援システムの高度化にある。それは，教育研究の活性化や学生に対するサービスの満足度の向上の実現を目指すものといえる。教員には，教育研究を支援するICT環境の提供がなされる。学生には，大学の入学時に，パソコンや情報端末の提供，また携帯電話による教務情報の連絡が行われているところがある。

また，学生の講義への出席は，学生IDカードにより，福利厚生の面も含め管理されている。その個人情報は，適切な利用の目的に沿ったものでなければならない。

（2）放送大学における教務の情報化

放送大学では，教務の情報化として，「キャンパスネットワーク」，「システムWAKABA」，「Google Apps（Gmail）」がある。それらは，認証管理システムの「ログイン」画面からログインする（図７-１-a）。認証システムの「ログイン」画面は，「キャンパスネットワーク」，「システムWAKABA」，「Google Apps（Gmail）」のログイン画面である。

それら３つのシステムは，１度ログイン操作を行うことで，ブラウザを閉じるまでの間，他のシステムのログイン操作を行うことなく利用が可能となるSSO（シングルサインオン）により提供されている。

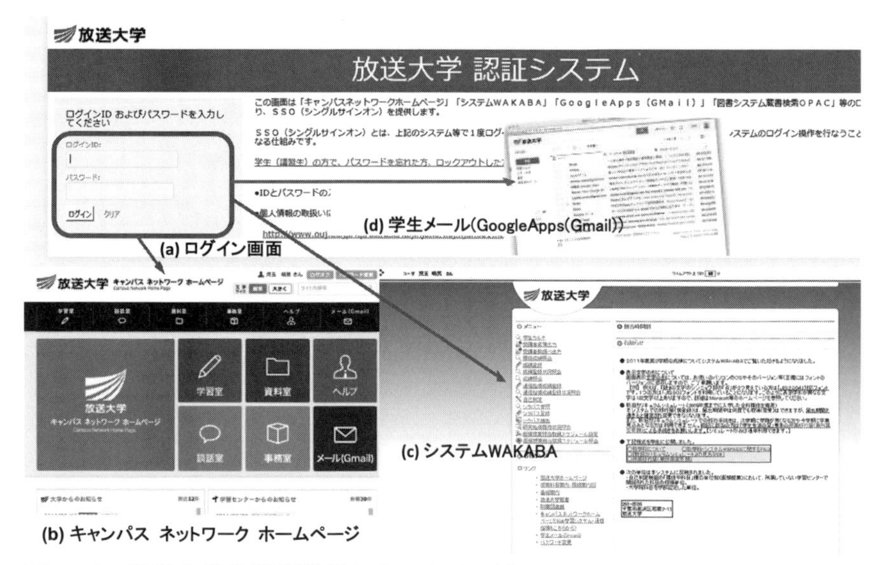

図7-1　放送大学の教務関係のホームページ

(1) キャンパスネットワーク

「キャンパスネットワーク」は，放送大学の在学生の学習に役立つ情報を提供している（図7-1-b）。それら情報は，「大学情報」，「学習情報」，「質問箱」の3種類がある。また，ラジオ科目の音声と，テレビ授業のビデオ映像の一部が視聴できる。

(2) システム WAKABA

学生サービスの向上（修学のサポートなど）を図ることを目指した教務情報システム「システム WAKABA」が稼働している（図7-1-c）。その稼働状況は，次のようになっている。

在学生用	
	「学生カルテ」— 学籍情報など
	「各種願（届出）」— 住所変更，単位認定試験受験センター変更
	「科目登録」
	「成績照会」「履修成績照会」
	「自己判定」— 履修中の科目を含んだ卒業判定
	「新旧カリキュラムシミュレート」— 新コースへのシミュレートや移行手続き
	「教材・通信指導問題発送依頼情報照会」
	「シラバス参照」

「システム WAKABA」では，在学生が自分の成績や履修状況を確認することができ，教員は通信指導と単位認定の成績管理を行うことができる（図７‐２)。最新情報は，「システム WAKABA」の「お知らせ」欄に掲載される。

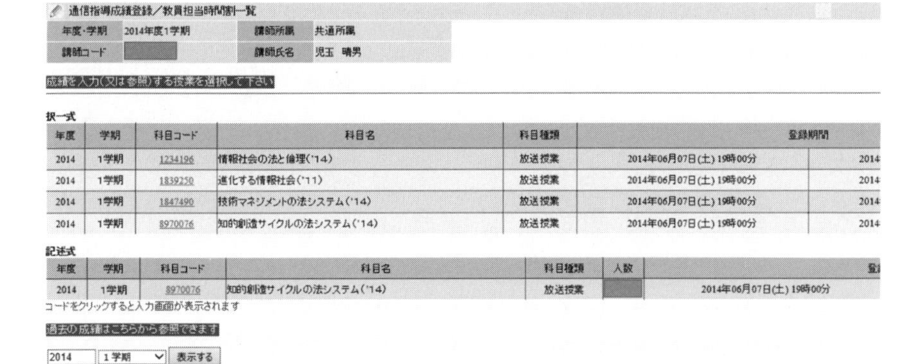

図７－２　「システム WAKABA」による成績管理

(3) Google Apps（Gmail）
「Google Apps（Gmail）」は，クラウドコンピューティングによるメールシステムである（図7‑1‑d）。放送大学の学生は，「Google Apps（Gmail）」を利用して，メール交換を行うことになる。

3．学習環境の整備

学習管理システム（Learning Management System：LMS）は，商用ベースやオープンソースソフトウェアで提供される。また，学習コンテンツを制作するとき，学習管理システムに作り込むことによって行われることがある。

そして，学習コンテンツは，インストラクショナルデザイン（Instructional Design：ID）の必要性がいわれる。インストラクショナルデザインとは，効率的に人を育成するために考えられた教授方法，研修構築の設計手法，効果的な学習の定着を図るための学習行動に注目した理論をいう。Analysis（分析）からDesign（設計），Development（開発），Implementation（実施），Evaluation（評価）のフェーズからなるADDIEモデルが用いられる。

また，LMSに作り込まれた学習コンテンツの汎用化のために，学習コンテンツをSCORM（Sharable Content Object Reference Model）に準拠して入力していくことが推奨されている。

（1）学習環境の整備の動向

学習管理システムは，商業ベースからオープンソースソフトウェアのLMSによりシステム構築される。商業ベースとしては，WebCT，Blackboardが競合していた。WebCTは，後にBlackboard Learning Systemとして販売されることになる。オープンソースLMSには，GPL（GNU

General Public License）によって配布されるMoodle（Modular Object-Oriented Dynamic Learning Environment）がある。わが国で開発された学習管理システムに，東京大学情報基盤センターのオープンソースLMSであるCFIVE（Common Factory for Inspiration and Value in Education）などがある。

なお，学習管理システムの利用機関の多寡が評価の判断基準となるものではなく，わが国や各大学に適合した学習管理システムの運用にあたっての要因も含めた総合的な判断が必要である。

（2）放送大学における学習環境の整備

放送大学では，学習管理システムは，独自のシステムにより構築されている。

(1)学習センターのネットワーク化

各学習センターにWeb会議システムが配備されており，専任教員が論文指導などに利用している（放送大学学生のみがアクセス可能）。また，放送大学附属図書館の蔵書検索OPACオンラインサービスによる学習センターへのサービス提供がなされている。

(2)学習参考情報の提供

放送授業に連動した自習用教材，さらに深く理解するための学習参考情報や演習問題解答が提供されている。また，面接授業用補助教材も提供される。さらに，学習管理システム「CFIVE」を使った学習内容（科目登録者のみアクセス可能）も提供されている。

放送大学教材は，印刷教材は1章当たり12ページ程度，放送番組教材は1回当たり45分の制限がある。その制限の中で放送大学教材の中に取り込めなかった資料や，学習するうえでの補助教材が必要となる。それらの一部は，放送大学の教員が作成した学習参考情報として提供されている。さらに，教員が放送大学教材を制作していく過程で省略された放送大学教材以外の資料などが存在する。

(3) Web 通信指導

放送大学では，学期の中間に，科目ごとに通信指導問題の答案の提出が必要になる。答案の解答が一定の基準をクリアしなければ，受講者は単位認定試験を受けることができない。通信指導は，一部の科目を除いて，インターネット上で答案を提出したり，解説を閲覧したりすることができる。

(4) 大学院研究指導支援システム

放送大学には独自の「大学院研究指導システム」があり，大学院の論文指導などを中心に利用されている。このシステムの利用も，放送大学大学院生であり，あらかじめ許可を得た者のみがアクセス可能である。

4．オンライン講義の展開

上記の大学の情報化によって，教務の効率化と学生へのサービスのハード面が整備された後に残されるものが，大学の学習コンテンツの整備に関するオンライン講義の公開になろう。

(1) オンライン講義の公開の動向

オンライン講義の公開の経緯は，オープン教育資源（Open Educational Resources : OER）をルーツとする。その具体的なものとして，アメリカのマサチューセッツ工科大学（MIT）は，2001 年から，OCW（Open Course Ware）プロジェクトによって，インターネットで講義内容の資料の公開を無料で行っている。この MIT OCW プロジェクトは，欧州連合（EU）やアジアなどへも波及している。

東アジアにおいては，わが国でも，2005 年 5 月に OCW が大阪大学，京都大学，慶應義塾大学，東京工業大学，東京大学，早稲田大学によって開始され，2006年4月に日本オープンコースウェア・コンソーシアム（Japan Opencourseware Consortium : JOCW）が発足した。韓国も，KOCW（Korean Open Course Ware）が教育科学技術部傘下の韓国教育学術情報院（Korea Education & Research Information Service : KERIS）で2007年から無料で質の高い大学講義を視聴できるようにするために運営されている。そして，中国開放教育資源協会（China Open Resources for Education : CORE）によって，MIT OCWの概要を含めて中国語に翻訳されている。2003年，中国の教育部は，良質の教育資源を収集して講義の「品」を向上させて，それらの教育資源を共有して大学生に最高の教育を受けさせるために，精品課程の活用を開始した。精品課程は，大学教育の質の向上と教学改革のプロジェクトの一部であり，各大学および「国家精品課程資源網」を通して公表されている。

オンライン講義の公開は，大規模公開オンラインコース（Massive Open Online Courses : MOOCs）に展開され，Coursera，edX，udacity，FutureLearnなどに分化している。それらは，単にオープンコンテンツの提供にとどまらず，単位認定も視野に入れたオープンコンテンツのネット送信になる。わが国では，日本オープンオンライン教育推進協議会（Japan Massive Open Online Courses : JMOOC）が設立されている。

オンライン講義は，OCWでは明記され，MOOCsでは必ずしも明記されることはないにしても，クリエイティブ・コモンズ（Creative Commons）の理念のもとに，Creative Commons Attribution 3.0 License（CCライセンス）によって制作される。ただし，MIT OCWプロジェクトを推進するにあたって，著作権処理が困難な課題として挙げられている。JOCWにおいても，京都大学がOCWを公開するにあたって，わが国の著作権法のもとでの権利処理の詳細な著作権関連資料を公開している。同様な権利処理は，MOOCsでも必要である。

(2) 放送大学のオンライン講義の公開

放送大学学園では，放送大学学生への利便性や教育効果の向上などに資することを目的にして，ラジオ授業科目のネット送信を実施している。また，テレビ授業科目のネット送信も進めている。ただし，それらのネット送信は，学内に制限されたものである。

放送大学は，2009年8月，JOCWの正会員として加盟しており，放送番組のネット送信の試みもなされている。そして，2010年10月1日に，放送大学OCWのホームページが開設され，改めて権利処理などのなされたテレビ番組，ラジオ番組，特別講義が公開されている。

(3) 放送大学のオンライン講義の公開のためのプラットフォーム

プラットフォームの定義は，一般的には，あるソフトウェアやハードウェアを動作させるために必要な基盤となるハードウェアやオペレーティングシステム（OS），ミドルウェアなど，または，それらの組み合わせや設定，環境などの総体を指すとされる。ソフトウェアやハードウェアが対応しているプラットフォームは，あらかじめ決められており，異なるプラットフォーム上で使うことはできない。それに対し，プラットフォーム非依存は，それら特定のOS，ハードウェアに依存せずに動作するプログラムのことをいう。このような特定のOS，ハードウェアに依存しない仕組みが好ましい。

上記の「概念」としてのプラットフォームの進化形として，「プラットフォームとは，第三者間の相互作用を促す基盤を提供するような財やサービスのことであり，それを民間のビジネスとして提供しているのが，プラットフォーム・ビジネスである。多彩な音楽やコンテンツを消費者につなぐソフトウェアもプラットフォームであり，クレジットカード会社なども多くの企業と消費者が相互信頼して取引を行いうるサービスを提供するプラットフォーム・ビジネスといえる」という考え方が展開されている。プラットフォームの各定義から，オンライン講義の公開が単位認定を想定するシステムであることを考慮すれば，制度面とシステム面およびビジネスモデル面の3つが統合化されたプラットフォームの構成になろう。

(1) 制度面——知的財産権管理

制度面は，権利処理と権利管理の対応になる。オンライン講義がたとえ無料で公表されるにしても，そのオンライン講義の公開に関する権利管理が必要である。一般に，権利処理は，オンライン講義の著作・制作に並行して対応されるものであるが，事後的になされることが多い。その権利処理が著作権法の範ちゅうであれば，図7-3が想定される。

しかし，オンライン講義の公開は，著作権などの管理の処理ですむことにはならない。この点は，指摘されることはないが，オンライン講義

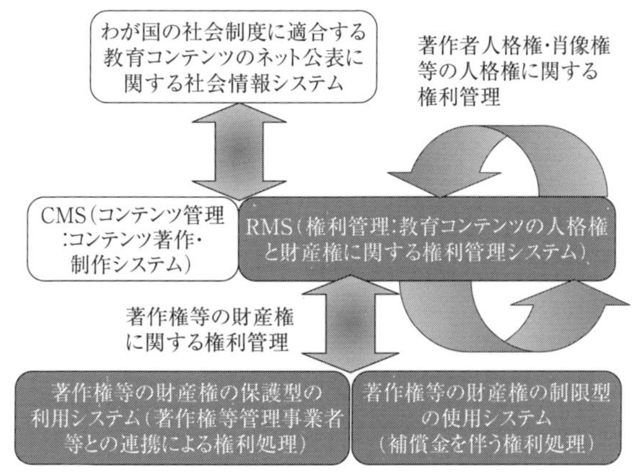

図7-3　放送大学のオンライン講義の公開のための権利処理

のコンテンツを伝達する行為は発明と関係し，ウェブ環境で表示させるうえでデザインとも関連する。さらに，大学名やオンライン講義に関する名称は商標（トレードマーク）とも関連する。

オンライン講義の公開において，それら知的財産権を横断した知的財産権管理が想定されてくる。その対応は，図７-３が，人格権と財産権の２つの面から権利管理するものであり，さらに権利の保護と権利の制限との両面から権利管理することで知的財産権管理として拡張が可能である。ただし，著作権など以外の権利処理と権利管理に関しては，主に財産権において適用すればよいことになる。

(2) システム面——メディアミックス型コンテンツ著作・制作

システム面は，上記の権利管理から，放送大学講義の素材から著作・制作する過程，さらに事後的な加筆・修正も考慮した制作ツールが求め

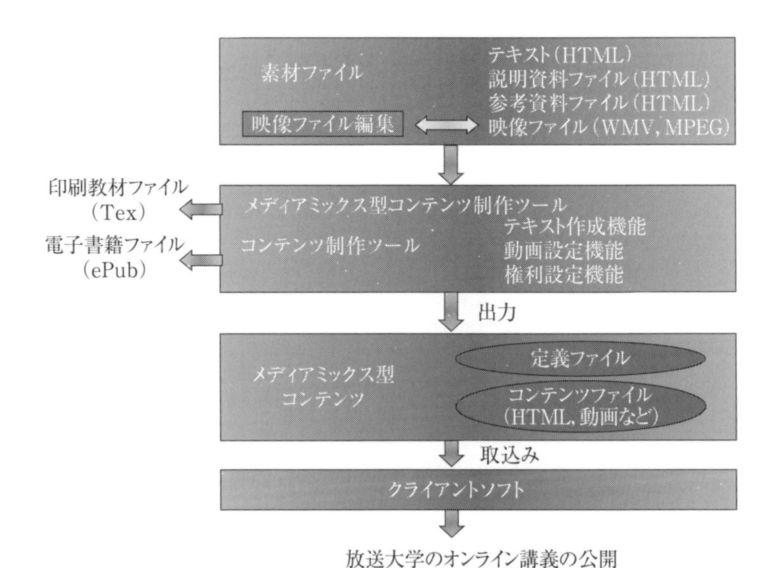

図７-４　放送大学のオンライン講義の公開に関するシステム面の構成

られる。それは，図7-4のような制作ツールおよび視聴のためのクライアントソフトからなる仕組みを持つ。

図7-3と図7-4は，著作権などの処理を前提とした管理，そして，その他の知的財産権管理に関しても，拡張できる。すなわち，制度面およびシステム面との整合が図られる。

(3) ビジネスモデル面

制度面およびシステム面との整合に問題がないとしても，オンライン講義の公開は費用対効果の面からの制約が大きく影響している。そのためのスポンサーなども含む関係からのビジネスモデル面が考慮されなければならない。制度面，システム面，ビジネスモデル面の三位一体がプラットフォームの構成のコンセプトになる。

オンライン講義の公開を持続可能にするためには，わが国の社会制度と整合するものでなければならない。それは，知的財産権管理，それに連動する「コンテンツ著作・制作」，そして課金システムと知的財産権管理者やスポンサーなどとの関係からなるビジネスモデルが機能するプラットフォームによって達成される。

将来，オンライン講義の公開にあたっての教育情報も，ビッグデータ化されよう。そのビッグデータ化する教育情報に対して，質的な評価，またオンライン講義の公開にあたっての費用対効果（たとえば，売上原価率）や維持管理も加味されて，総合的になされることが必要になろう。その観点も踏まえて，引用や参考文献が相互に参照できるような教育情報を系統化するナビゲータ機能がプラットフォームには必要になる。

5. おわりに

放送大学の情報化は，一般の大学の情報化と異なる点が多い。ただし，一般の大学でも生涯教育を推進している。この点から，放送大学と各大学は，生涯教育において，先のシステムとの連携が考えられる。

大学の情報化は，政府が教育の情報化を主導して推進される。それは，公的資金の提供などが伴うことがある。したがって，大学の情報化の必要性が十分に検討され，かつ明確な目的意識のもとに，持続可能な形態で実施される必要がある。また，大学が保有する情報には，著作権・知的財産権に関する問題，個人情報やプライバシーに関する問題が含まれる。それらを総合的に見通したシステムの構築や情報管理が求められる。

引用・参考文献

(1) 高度情報通信ネットワーク社会推進戦略本部「新たな情報通信技術戦略」2010年　http://www.kantei.go.jp/jp/singi/it2/100511honbun.pdf
(2) William W. Lee, Diana L. Owens（原著），清水康敬（監訳），日本ラーニングコンソシアム（翻訳）『インストラクショナルデザイン入門――マルチメディアにおける教育設計』東京電機大学出版局，2003年
(3) MIT OpenCourseWare　http://ocw.mit.edu/index.htm
(4) 日本オープンコースウェア・コンソーシアム（Japan Opencourseware Consortium：JOCW）http://www.jocw.jp/index_j.htm
(5) http://www.ocwconsortium.org/
(6) https://www.edx.org/
(7) http://www.apple.com/jp/apps/itunes-u/
(8) 國領二郎「情報社会のプラットフォーム：デザインと検証」『情報社会学会誌』Vol.1，No.1，pp.41-49，情報社会学会，2006年
(9) 児玉晴男「教育コンテンツのネット公表に伴って必要な権利処理について―MIT OCWをめぐる米国と日本の社会制度の違い」『情報管理』Vol.55，No.6，pp.416-424，科学技術振興機構，2012年

(10) 児玉晴男「オンライン講義の公開に関する知的財産権管理」『情報通信学会誌』Vol. 32, No. 1, pp. 13-23, 2014年
(11) 児玉晴男・鈴木一史・柳沼良知「わが国の社会制度と適合するコンテンツのインターネット配信に関する社会情報システム」『日本社会情報学会誌』Vol. 23, No. 2, pp. 95-105, 2012年

学習課題

(1) キャンパスネットワークにログインして，学習情報を調べてみよう。
(2) Web学習システムにログインして，「通信指導問題お試し版」を使ってみよう。
(3) オンライン講義を受講してみよう。

8　セキュリティとプライバシー

小牧省三

《学習の目標》　ネットワーク社会のセキュリティはどのようにして守られているのだろうか。また，プライバシー権とは何か。それが将来，社会に果たす役割はどのようなものだろうか。それに関わる技術と仕組みを理解することにより，ネットワーク社会の課題と社会構成員の責務を理解する。
《キーワード》　セキュリティ，共通鍵方式，公開鍵方式，セキュリティホール，バックドア，プライバシー権，データ・プライバシー，インフォメーション・プライバシー，個人情報とその保護，公共的共通利用

1．セキュリティ保護

（1）セキュリティ保護の必要性

セキュリティとは，安全，防犯，警備のことを示している。たとえば，家に鍵をかけることや，ガードマンによる警備もセキュリティに含まれる。

近年，インターネット上に開設されたホームページの情報を万人が簡単かつ自由に読み取ったり，書き込んだりすることができるようになった。この手段により，人々の知りたい・知らせたいという欲求を満足する知的創造社会（知価社会）が実現されてきた。しかし，同時に，皆に平等に開かれたネットワークのオープン性により，ホームページの改竄（かいざん）や個人が公開を望まない情報の漏洩（ろうえい）や不正取得・不正利用などの弊害も発生している。これらが，あまり重要でない情報であれば大きな問題は

生じないが，企業情報や電子商取引における決済情報に対して発生すると看過できない重大な問題になる。

（２）セキュリティ低下の要因と保護策

セキュリティの低下要因と保護策を表８‐１にまとめている。セキュリティ保護は，コンピュータへの不正アクセスや蓄積されたデータの改竄などの問題を扱うコンピュータセキュリティとネットワーク上を流れるデータの盗聴や改竄，不正な相手（なりすまし）が開設したサーバー

表８‐１　セキュリティ低下要因とセキュリティ保護策

<table>
<tr><th>分類</th><th>セキュリティ低下要因</th><th>セキュリティ保護策</th></tr>
<tr><td rowspan="4">コンピュータセキュリティ</td><td>サーバー不正アクセス
（ID，パスワードの漏洩など）</td><td rowspan="2">ソフトウェア的保護
（ファイアウォール設定）
（ウィルスの監視除去）など</td></tr>
<tr><td>サーバー内情報の不正取得
（個人情報・機密情報の漏洩など）</td></tr>
<tr><td>サーバー内情報の改竄
（不正サイトへの誘導など）</td><td rowspan="2">物理的保護
（コンピュータ，記録媒体の適正管理）
（物理的遮蔽）
（電磁的漏洩防止）など</td></tr>
<tr><td>サーバー内ソフトウェアの改竄
（バックドア，ワーム，ウィルス）</td></tr>
<tr><td rowspan="6">ネットワークセキュリティ</td><td>盗聴
（ネットワーク上の信号盗聴と情報漏洩）</td><td>機密保持機能（暗号化）</td></tr>
<tr><td>本人，サーバーのなりすまし
（なりすましによる情報操作）</td><td>認証機能（本人，サーバー）</td></tr>
<tr><td>内容改竄
（時刻，契約内容などの）</td><td>メッセージ完全性（一部改竄防止，ハッシュ値）
否認不可避性（同一性確認，時刻同期）</td></tr>
<tr><td>DDoS 攻撃</td><td>アクセス制御
（不正サーバートラフィックの制御と遮断）</td></tr>
<tr><td>プライバシー保護
（電子投票，電子マネー）</td><td>匿名性確保策
（プロキシーサーバー）</td></tr>
</table>

への誘導などの問題を扱うネットワークセキュリティに大きく分類できる。以下，それぞれごとに内容を説明する。

(1) コンピュータセキュリティ

コンピュータセキュリティとは，サーバーなどが存在している場所でのセキュリティの確保に関わる内容である。サーバーそのもののアクセス権限の付与が不完全な場合や，パスワード，ID 管理が不適切であった場合，サーバーや個人用コンピュータに蓄積記録されたデータの不正取得が行われ，機密情報の漏洩が発生する。また，ホームページ内容の改竄が行われ，公開されたホームページ情報がサーバーの持ち主が意図しないものに変化したりする。これ以外にも，コンピュータの持ち主が気づかないうちにワームソフトやバックドアソフトが起動し，サーバー管理者の投入したパスワードなどの機密データが外部のコンピュータに自動的に転送されたり，不正アクセスを行っている者が，いつでも自由にそのコンピュータから電子メールなどの情報を発信したり受信したりすることができるようになる。

この防止策として，ファイアウォールなどのソフトウェア的防護を行うことが勧められている。たとえば，ホームページ検索以外の意図しないポートを用いたアクセスを拒否したり，サーバー内に存在するコンピュータウイルスやワームの監視・除去，データの種別とアクセス権限の適切な設定などが代表的なものである。

また，それ以外に物理的な防護も重要な対策であるといわれている。たとえば，コンピュータやサーバーのある場所への部外者の侵入防止策やコンピュータ本体・データ記録媒体の紛失防止などがこれに含まれる。極端な場合，コンピュータやキーボードから空間に発射される微弱な電磁データから情報が漏洩する可能性もあり，重要なデータを蓄積している場合は，このような物理的防護策も必要となる。

(2) ネットワークセキュリティ

ネットワークセキュリティは，局所的に設置されたコンピュータの保護とは異なり，広域にわたって面的に広がっているネットワークを対象として情報の保護を行うものである。このため，途中で盗聴されても大丈夫なように，通信相手との間で暗号化を行ったセキュアな通信を実施する。また，相手が他人を偽装して通信を行う，いわゆる，なりすましを防止するための相手認証の仕組みや，送信データの途中での改竄防止，同一性の確保も必要となる。

一方，電子投票や重要な通信においては，情報の内容が漏れないことのみでは，セキュリティの確保は不十分であり，いつ誰と誰が通信を行ったということ，投票者が誰であるかということも秘匿する必要性が生じる。このような目的のためには，たとえば，送信者本人を特定できなくする多段匿名プロキシサーバー技術や経由先サーバーの経路分散も必要となる。

また，近年増加している迷惑メールや分散したサーバーから目的のサーバーに同時に情報を発信してサービスを一時的に停止させたり，混乱させたりする DDoS 攻撃もネットワークセキュリティの中で防止することが必要な課題である。

ネットワークセキュリティとして求められる主な機能を列挙すると，機密性（盗聴防止・匿名性確保），認証（なりすましの排除），匿名性の確保，メッセージ完全性と否認不可能性（同一性と時刻管理），アクセス制御と遮断（不正トラフィックの排除）など課題が多い。

(3) 暗号技術

セキュリティを確保する方法として，暗号技術が利用される（図8-1)。暗号方式は，大きく分けて，

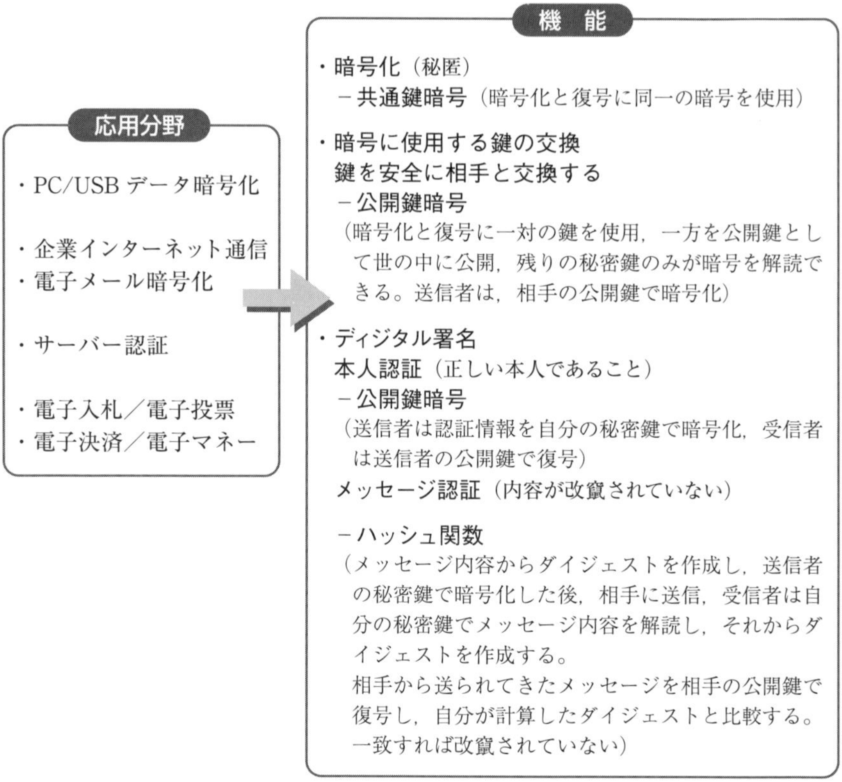

応用分野

・PC/USB データ暗号化

・企業インターネット通信
・電子メール暗号化

・サーバー認証

・電子入札／電子投票
・電子決済／電子マネー

機　能

・暗号化（秘匿）
　－共通鍵暗号（暗号化と復号に同一の暗号を使用）

・暗号に使用する鍵の交換
　鍵を安全に相手と交換する
　－公開鍵暗号
　（暗号化と復号に一対の鍵を使用，一方を公開鍵として世の中に公開，残りの秘密鍵のみが暗号を解読できる。送信者は，相手の公開鍵で暗号化）

・ディジタル署名
　本人認証（正しい本人であること）
　－公開鍵暗号
　（送信者は認証情報を自分の秘密鍵で暗号化，受信者は送信者の公開鍵で復号）
　メッセージ認証（内容が改竄されていない）

　－ハッシュ関数
　（メッセージ内容からダイジェストを作成し，送信者の秘密鍵で暗号化した後，相手に送信，受信者は自分の秘密鍵でメッセージ内容を解読し，それからダイジェストを作成する。
　相手から送られてきたメッセージを相手の公開鍵で復号し，自分が計算したダイジェストと比較する。一致すれば改竄されていない）

図 8－1　暗号の応用分野と機能

1．共通鍵暗号
2．公開鍵暗号

に分類できる。

共通鍵暗号は，自分のパーソナルコンピュータや USB メモリなどに格納したデータの保護に使用される。この場合は，自分自身による暗号化と複合化が可能であり，かつ暗号鍵は，自分の管理を適正に行うことにより，他人への漏洩は防止できる。このように，1 つの秘密鍵を暗号化と復号化で共通に利用する方式を共通鍵方式と呼ぶ。

一方，インターネット上で送信された情報は，途中で盗聴される危険性がある。これを防止するための暗号化を共通鍵で行った場合，上記の秘密鍵を相手に送付しなければもとの情報を解読できない。ネットワークで鍵を送信した場合，鍵そのものが盗まれる危険性が高い。これを防止する方法として考え出されたものが公開鍵方式である。

公開鍵暗号では，一対の暗号鍵（錠と鍵に相当）を用意し，一方の公開鍵（錠に相当）を世の中の全員に公開し，もう一方の秘密鍵（鍵に相当）を自分が秘匿して保管している。送信者は，相手の公開鍵による暗号化を行ってインターネット上に情報を流す。受信者は，受信したデータをもう一対の秘匿された秘密鍵で復号し，送信された情報を復元して取り出す手法である。錠前では錠前を開けることができないように，公開鍵で暗号化されたデータは，公開鍵では暗号をもとに戻すことができない。一対になった秘密鍵のみでしか暗号を解くことができない。

たとえていえば，自分の南京錠を世の中に配布し，送り手はこの南京錠を使用し自分の情報に相手の錠をかけて送付することができる。インターネット上で盗聴されても，鍵がなければ中身を見ることができず，鍵を持った受信者のみが錠を開けられる。南京錠の場合は，機械的に分解すれば，それに合う鍵を作り出せるが，公開鍵（電子錠）の場合は，長い符号を使っているので，公開鍵から秘密鍵を容易に生成できない仕掛けになっている。

また，電子入札や電子決済では，送付した人の名前が書かれていても，それが本当であるという保証がない。また，送付されてきたデータ内容が途中で改竄されていないことも保証しなければならない。この本人認証と同一性確保のため，次に述べるような方法がとられる。

本人認証は，送信元自身が秘匿して保有している秘密鍵により本人認証情報を暗号化し，受信側は送信元の公開鍵で復号し，相手を認証することができる。これをディジタル署名とも呼んでいる。

データの内容の改竄防止は，次のような手法によって実現される。送信元は送付すべき情報からハッシュ関数を用いて圧縮されたダイジェストを作成し，ダイジェストは送信元の秘密鍵で暗号化し，送信情報は，相手の公開鍵で暗号化して送付する。受信側では，情報部分を受信側の秘密鍵で解読し，ハッシュ関数を使用して新たにダイジェストを作成する。相手から送信されたダイジェストは，送信元が公開している公開鍵により取り出し，2つのダイジェストを比較し，一致していれば改竄なし，一致していなければ，情報の改竄があったと判断する。このような手法により，本人認証やデータ内容の一致性の保証をしている。

2. プライバシー

(1) プライバシーとは

プライバシーには，法律上の権利としてのプライバシー権（Legal Rights to Privacy）と，自主的に尊重し合うべき社会規範，倫理規範としてのプライバシー（Privacy to respect）の2種類がある。

1964年9月28日に下された『宴のあと』の判決において，「プライバシー権侵害の要件」が下記のように示された。

①私生活上の事実，又はそう受取られる可能性のある事柄であること

②一般人の感受性を基準として当事者の立場にたった場合に公開を欲しないであろう，と認められるべき事柄であること

③一般の人に未だ知られていない事柄であること

④公開によって当該私人が現実に不快や不安の念を覚えたこと

どのような個人情報がプライバシー権の対象となるのかを考えてみる。

「犯罪歴情報，DNA 情報，収入情報」などは，上記の基準からプライバシー権侵害の対象となる個人情報である。

一方，「住所，氏名，生年月日」などの個人情報は，公知事実の情報であり，プライバシー権の対象外となる情報である。ただし，本人が公開を欲しない事柄と結びつけて公開した場合は，プライバシー権侵害対象情報となる。

青柳武彦氏は，著書『情報化時代のプライバシー研究』(NTT 出版）において，プライバシー権を下記のように提案・定義している。

「不可侵私的領域における個人情報の公開の可否，公開する場合の程度と対象を自ら決定する権利，同領域に属する事柄について行動や決定を行うにあたり，公権力や他者から介入を受けたり，あるいは妨げられたりすることのない権利，及び同領域における私生活の平穏・静謐(せいひつ)を護(まも)る権利をいう。ただし，公共の利益及び公序良俗に反しないものに限る。」

上記，青柳氏の提案において「不可侵私的領域」とは，先の『宴のあと』の判決で示されたプライバシー権侵害要件をもとに，下記のように定義している。

1. 私生活上の事実，またはそう受け取られる可能性のある事柄の領域
2. 一般人の感受性を基準として侵害されることを欲しないと思われる領域
3. 非公知，未決定，非公開の領域
4. 侵害によって当該私人が現実に不快や不安の念を覚える領域

（2）情報に関するプライバシー権

データ・プライバシーとインフォメーション・プライバシーに分けることができる。

(1) データ・プライバシー

政府や民間企業が保有する個人情報データベースに関わるプライバシーで，情報主体が公開を欲しないデータが含まれている場合のプライバシーを指す。

たとえば，情報主体の住所，氏名に加え，勤務先，役職，年収が含まれるデータは，年収など他人に知られたくない個人データを含むので，データ・プライバシーの対象となる。

個人情報データベースについては，情報主体が知らないうちに情報が格納され，加えてどんな情報が格納されているかも知ることができない場合がほとんどであり，データ・プライバシー権を，どう保障するかの問題が存在している。

(2) インフォメーション・プライバシー

情報が，文脈性（ストーリー性）を持つ情報によって構成されている場合のプライバシーを指す。

たとえば，情報主体の住所，氏名に加え，「学校に通う子供がいて学費がかさむのに会社を解雇され，家計が苦しいらしい」などが加わった情報は，インフォメーション・プライバシーの対象となる。

(3) 住基ネットのデータ・プライバシー性と公共性

住基ネットが対象としている，氏名，生年月日，性別，住所，それらの変更履歴と住民票コードは，公知の事実であるので，それ自体ではプライバシー性はない。しかし，この住基ネット情報が，本人が秘匿したい事柄と結びつけて暴露されるとプライバシー権侵害となる。

このように，それ自体がプライバシー性を有しない情報でも，別の情報と組み合わされてプライバシー権侵害となる可能性があり，扱いに注意する必要がある。

住基ネットは，行政コスト削減，行政サービス向上に不可欠な社会的インフラストラクチャーである。住基ネットの住民票コードを用いて，さまざまな行政システムが保有するデータベースを連結して名寄せすることにより，住民個々に対するきめ細かい行政サービスシステムを構築することができ，大きなメリットが出る。

住基ネットの対象となっている基本4情報（氏名，生年月日，性別，住所）は，公益性の高いものであり公共財として自由に流通させたほうが社会全体のためになるという考えもある。

（3）情報化社会の進展とプライバシー

情報化社会では，ネットワークと情報通信技術の進展が加速し，個人の情報やプライバシーが露出する機会が飛躍的に増えている。

日本では，2003年5月に個人情報保護関連5法案（個人情報保護法，行政機関個人情報保護法，独立行政法人等個人情報保護法，情報公開・個人情報保護審査会設置法，及び整備法）が成立した。

上記法案のうち中心的な位置を占めるのは，「個人情報の保護に関する法律」（以下「個人情報保護法」と略す）である。制定目的は，「個人情報の有用性に配慮しつつ，個人の権利利益を保護」することである。

同法2条において，個人情報とは「生存する個人に関する情報（識別可能情報）」，「個人情報データベース等とは，個人情報を含む情報の集合物」と定義されている。

同法3条の基本理念の項には，「個人情報は，個人の人格尊重の理念の下に慎重に取り扱われるべきものであり，その適正な取り扱いが図られなければならない」と記されている。

個人情報のうち，名前，生年月日，住所などは，個人を識別する情報として公知であるので，その公開がプライバシー権の侵害とはならない，と考えるのが常識的である。

荷物配送票に，配送先および依頼人の名前，住所，電話番号などの記載をすることで，荷物が正確に配送されたり，宛先に送付先の人が居ない場合は，依頼人に送り返されるなど，物流に大いに役立っている。

しかるに，たとえば同窓会など仲間内の催しものへの参加者の名簿を作るか，作ったとして参加者に配布するのか，などが議論になるなど，公知の個人情報の使用に対するためらいが見られるのも事実である。

プライバシーに属さない個人情報を，公共的なものとして共通利用する必要性も増大している。たとえば，住民個々の年代や状況に応じた，触れ合い，催し，行事やサークルの案内など，メリットが大きい。

最近では，「情報主体の同意を得た上で，プライバシー性の低い個人情報を収集・分析し，これに基づいて個人の好みにあった情報提供をする手法」（高崎，2010年）なども検討されている。

上記のように，個人のプライバシー保護を保障し，個人の許容基準内のプライバシー情報をもとに，個人や社会に有用となるサービスを増やしていくことは，個人にとっても社会にとっても重要であると考えられる。

3．社会的影響と将来の情報保護

コンピュータならびにネットワークセキュリティの保護のみでは不十分である。これらをたとえると，家の鍵を完全にし，家から会社までの経路を防弾ガラスで防護された自動車で通勤することに相当している。現実の世界では，さらに刑法の窃盗罪や詐欺罪が規定され，警察という実際の組織が存在している。電子情報のセキュリティ保護に対しても同様であり，変化の速い情報通信技術と両輪の関係で，種々の法制度面での取り決めが必要となる。たとえば，不正アクセス禁止法，個人情報保護法，著作権法などがそれである。

セキュリティの必要性は，年々高まってきているが，組織ごと，個人ごとにとらえる項目が異なり，危機意識も異なっている。ある人は，自分の作成した情報の保護のみに留意し，他から集めたり配布された情報に関しては，その保護にむとんちゃくであったりする。「セキュリティは，桶(おけ)に入れられた水と同じようなものであり，低い場所からあふれて漏れ，桶のたがが緩いと多くの隙間から漏れ出していく」といわれている。情報を共有する組織全体におけるセキュリティポリシーの策定とその意識を全体に教育し，その結果を監視・チェックし新しい対策に反映する，プラン→実行→監視・チェック→アクションプラン再設定，の手順で常時チェックすることが大切であるといわれている。また，これらのセキュリティポリシーは，今後，国際的な統一化が必要となる。

また，情報化社会の進展を背景として，プライバシー保護が重要な問題になってきている。これまでは，紙などに物理的に記載されている情報の場合，いろいろな場所に行って目的の情報を探し出す必要があったため，それを実施する労力と費用が便益を上回り，一元化が実質不可能であり，あまり問題にならなかった。情報化社会においては，各所に分散している情報を短時間のうちに検索し，まとまった意味のある情報として集約可能となってきている。これによるプライバシー侵害が発生している。

個人情報保護は，情報を収集する際に，各個に目的の明確化・許諾が必要であるという消極的保護基準から，国家をはじめ各所で保有する個人に関する情報の訂正，削除などを求めることができるという積極的権利とするという見方に変わっている。これを，自己情報コントロール権，積極的プライバシー権と呼んだりしている。

セキュリティ保護のための映像カメラ，センサーネットワーク，利便性を提供する非接触ICカードによる決済，携帯電話など，便益の向上に役立っている。しかし，それに映っている人や使用している人に対しては，個人の認定，位置と時刻の認定，細部の決済情報など，それらを総合することにより，個人のすべての活動情報を総合把握できるようになってきている。個人情報保護の観点では，この監視と仕組み作りが必要になってきている。

また，現時点ではセキュリティ保護ができているといっても，将来の技術の進展に従って，セキュリティ保護のレベルは徐々に低下する。これを，時間的脆弱(ぜいじゃく)化と呼んでおり，一度大丈夫になったものでも，継続的な見直しが必要である。特に，暗号方式の安全性は鍵の符号長やアルゴリズムに依存しており，コンピュータの処理能力の進展とともに網羅的な探索による解読時間の短縮化が安全性を低下させている。今後も暗号の脆弱化に対応する高度化が必要であるといわれている。共通鍵の配布に光量子暗号を用いる技術も開発が進んでおり，これを用いると途中での盗聴を完全に防止できるなど無条件安全性が確保できるといわれている。

4．おわりに

本章では，ユビキタスネットワーク社会におけるセキュリティ保護の必要性とその具備すべき機能を述べた。特に，ネットワークを介して特定の相手には内容を公開し，それ以外の不特定多数には見られないようにするという，矛盾した目的を達成するための基本的な仕掛けを明らかにした。

また，プライバシーについて，情報化社会におけるプライバシーのあり方，法律上の権利としてのプライバシー権と情報の公共的共通利用との関係を述べた。

（執筆協力・大阪大学教授　中西 浩）

引用・参考文献

⑴ 結城 浩『新版暗号技術入門　秘密の国のアリス』ソフトバンククリエイティブ，2008年
⑵ 佐々木良一 監修『情報セキュリティプロフェッショナル教科書』アスキー・メディアワークス，2009年
⑶ 石井 茂『量子暗号　絶対に盗聴されない暗号をつくる』日経BP社，2007年
⑷ 青柳武彦『情報化時代のプライバシー研究』NTT出版，2008年
⑸ 高崎晴夫「個人情報をベースとしたパーソナライゼーション・サービス利用の消費者選好に関する研究」第27回情報通信学会大会発表資料，2010年

学習課題

⑴ セキュリティ保護が必要となる応用分野を分類し，分類ごとに機能を考えてみよう。また，そのための方策や技術を調べてみよう。
⑵ 公開鍵暗号と共通鍵暗号の仕組みを調べ，その応用例を調べてみよう。
⑶ 個人情報の公共のための利用とプライバシーの保護について，両者のバランスをどのように保つといいか，考えてみよう。
⑷ 現在のセキュリティ保護性能は，時間とともに脆弱化するといわれている。その原因を調べてみよう。

9 情報通信技術（ICT）と産業

國領二郎

《学習の目標》 ICT は，ムダを可視化（見える化）することを通じて効率化を可能にする力や，情報を新たな資源とする新価値創造をする力を持っている。その本質と産業への応用可能性について概観する。
《キーワード》 効率化，BPR，可視化，新価値創造，情報資源

1．情報の価値

情報通信技術（ICT）と産業の関係についての具体的な話に入る前に，少し前提となる事柄についておさえておきたい。まずは，情報とは何か，という問題である。このような根本から入るのは，情報とは何で，どんな価値を持っているかを理解しないと，それがどのように「産業」に結びつくかわからないからである。音楽のような直接的に楽しめる情報もあることはあるが，ほとんどは情報そのものでは，食べたり，使ったりするなどの直接的な利用はできない。何かほかのサービスを便利にしたり，効率的にしたりすることで間接的に便益をもたらしている。逆にいうと，ほとんどすべての財やサービスの供給には情報が絡んでいる。そんな不思議な性質を持っているのが情報といっていいだろう。

（1）情報とは

情報とは何かという問いには，実はいろいろな答えがあるが，「産業化」という観点からは「不確実性を減らしたり，混沌（こんとん）としている世界に

何らかの秩序を与えたりする」もので，「何らかの伝達可能な記号で表現されている」ものと考えるといいと思われる。

たとえば天気予報という情報があることで，農家は悪天候に備えることができて，災害の被害も少なく，よりよい農産物を育てることができるようになる。また，売り場における商品の売れ行き情報がより早く手に入るようなことで，工場はよりお客さんのニーズに合ったものを適正な量だけ生産することができるようになる。これらの例は情報理論の父と呼ばれているクロード・シャノン[1)]の，情報は不確実性を削減するものととらえる考え方で説明できる。

「混沌としている世界に秩序を与えるもの」という表現が少しわかりにくいかもしれない。これはノーバート・ウィーナー[2)]というサイバネティクスの大家が提案して以来の考え方で，このように考えると，自然界にも情報があることに気づく。たとえば「遺伝子情報」を考えてみるとわかりやすいだろうと思う。生命体の中に組み込まれている遺伝子情報は，それがあることで，生物が外界から取り込んだ栄養素などを組織化して，人間などの特定の形に直していく。

情報を運ぶ媒体に注目して，「意味を持つ記号」というような定義の仕方もある。意味とは何かという別の大問題を惹起（じゃっき）させる定義だが，これならば他の定義ではこぼれてしまいそうな，芸術的な要素を持つ情報も情報として扱うことができる。

---

1) Shannon, Claude E. and Warren Weaver, *THE MATHEMATICAL THEORY OF COMMUNICATION*, The University of Illinois Press（1967），C・E・シャノン，W・ヴィーヴァー，長谷川 淳・井上光洋 訳『コミュニケーションの数学的理論——情報理論の基礎』明治図書出版，1969年

2) Wiener, Norbert, *THE HUMAN USE OF HUMAN BEINGS, CYBERNETICS ANS SOCIETY* : 2nd edition, Doubleday（1954），ノーバート・ウィーナー，鎮目恭夫・池原止戈夫 訳『人間機械論——人間の人間的な利用』（第2版）みすず書房，1979年

（2）つながり

理解しておくべき情報の持つ大きな特徴として，「組み合わさる（つながる）ことで価値が高まる」ことがある。たとえば，「このユーザーの好みはラーメン」ということを知っているグルメ情報会社と，「このユーザーは今 xx にいる」という情報を持っている携帯電話会社が組むと，ユーザーが携帯端末に「食事したい」と話しかけるだけで，自動的に最寄りのラーメン屋さんを紹介できるようになる。どちらか一方だけの情報では，関係ない場所のラーメン屋さんを紹介してしまったり，見当違いの種類のレストランを紹介してしまったりすることになる。

このような「つながり，組み合わさることで価値が高まる」という現象が今日的に大きな意味を持つのは，クラウドコンピューティングやスマートフォンなどの発達によって，今まではさまざまな機器に散在していた情報が，急速につながるようになってきたからだ。多様な情報源から発信される情報がクラウド上で結合され，ICT によって共有される。その多様な情報の結合が生み出す情報の価値の増殖が，新しいビジネスを生み出したり，社会のむだをどんどんなくしたりしていくのが，「進化する情報社会」の根幹で起こっている現象といっていいだろう。

（3）情報の経済的価値：効率化と高付加価値化

情報についての基本的な理解ができたところで，情報通信技術と産業という本題に近づいていこう。産業というからには，次に，情報が経済的にどんな価値を持つかについて考えないといけない。伝統的に，情報が経済的な価値を持つのには 2 通りあるといわれてきた。

一つは「効率化」の効果である。これは，さまざまなところで情報がないために発生しているむだを，見えるようにして（これを可視化という），省くことでお金を節約することを指す。たとえば，景気が悪くなり始めたときに，小売りの店頭ではすでに売り上げが落ち始めているのに，工場ではそれに気づかないで，たくさん作り続けてしまうようなことがある。情報の遅れがひどいと，知らないうちに在庫が積み上がって，次の局面では工場を完全に止めたり，過剰に作ったものを捨てたりしないといけないようなむだを発生させてしまう。情報が素早く入ると，いち早く生産量を調整して，捨てるむだを省くことができるし，働いている人についても残業代を少し減らすだけですんで，急に解雇しなければいけないような事態を避けることができる。

このようにICTにはむだを省き，企業の生産性を高める効果があるのだが，その効果を可能性から現実のものとするために重要なのが，「ビジネス・プロセス・リエンジニアリング（BPR）」と呼ばれる仕事の手順の見直しである。ICTを企業などの現場に実際に適用しようとしたときに，今までの仕事の手順を見直すことをせずに，単にシステムを入れてしまうことがある。そうすると，導入した部分だけは効率化しても，前後のプロセスがネックになってしまい，ICTを入れても効果が出ず，投資した分だけ損になってしまったりする。導入する場合には，プロセス全体をしっかり見直して生きた投資になるようにしなければならない。

効率化と並ぶ，情報のもう一つの経済効果は「高付加価値化」である。これは情報を利用して利便性を高めることで，顧客サービスを高める効果のことだ。たとえば，以前は駅に行かないと予約ができなかった特急券を，携帯電話で予約できるようになって，駅で行列しないですむようになったことは，高付加価値化の例といっていい。行列ができていたスペースに，お茶を飲んだり，お土産を買えるお店を出すことができれば，お客さんにとっても便利になり，鉄道会社には追加の収入が入るようになって，みんながうれしくなる。追加的な売り上げが上がるのが「高付加価値化」と呼ばれるゆえんである。

2．ICT の産業インパクト

（1）産業の情報化と情報の産業化

効果に2通りあることと並んで，情報と産業の組み合わせには「産業の情報化」と「情報の産業化」の2種類のものがある，というのも長らく認識されてきた。

産業の情報化とは，最終生産物は製品だったり，情報以外のサービスだったりする業界において，生産や販売プロセスの中に情報技術が入ることによって，より効率的にサービスができるようにしたり，より付加価値の高いサービスが提供できるようになったりすることを指す。

情報の産業化は，情報や情報を扱う機械やソフトウェアを販売すること自体が産業となっていく現象を指している。図9-1は，今や情報通信産業が日本経済の9%を占める一大産業であることを示している。

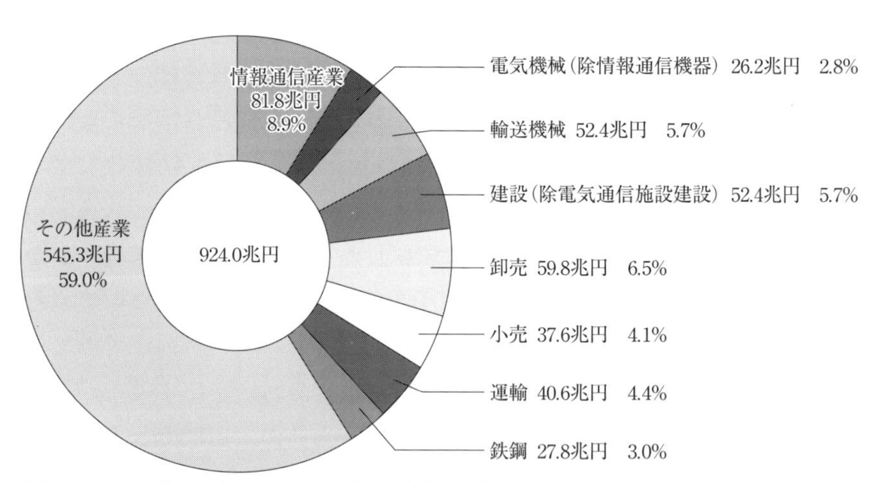

図9-1　平成24（2012）年，主要産業の市場規模

出典：総務省　平成26年版『情報通信白書』

（2）産業の情報化

では，産業の情報化と，情報の産業化を実例を念頭に置きながら考えてみよう。まずは，産業の情報化である。

最終生産物が情報以外である産業においても，情報が大きな要素になっている。さまざまなタイプのものがあるが，たとえば，第一にもの作り（製造業）の情報化がある。

もの作りの工場というと，大勢の人が働いているイメージがあるが，最近の工場ではロボットをはじめとする数値で制御されている作業現場が数多く見られる。それぞれのロボットが電子的に制御されているほか，工場内でICTのネットワークが張られて，多くの機械が連動しながら稼働している。なかには，ICTを使って遠隔で制御されている工場なども多くなってきている。

情報化のインパクトは，サービス業でも大きい。かつてサービス業は，一人一人の客の個別ニーズに合ったサービスを提供しなければならないので，従来は情報化が難しいといわれてきたが，最近では個別ニーズに合った柔軟なサービスを提供する情報通信技術が登場しており，むしろきめの細かいサービスを提供するためには情報通信技術が必須（ひっす）ともいえる状況になってきている。たとえば，航空機の搭乗券など，今まで受け取るために遠くに行ったり，券売所で行列したりしないと受け取れなかったものを，さまざまな形で電子的に届けることで，客にとっては利便性が高く，航空会社にとっては効率化されたサービスが実現した。

最近では，これまで少し遅れていた農業分野における情報化も進展してきた。農場にさまざまなセンサーを置いて，生育状態を監視することを通じて，より的確なタイミングで手入れすることで，品質よく安定した供給を実現することができる。このようなことができるようになったのも，「ユビキタス（いつでも，どこでも，なんでも）」というキーワードで，いつでも，どこでも，安価にネットワーク化ができるような無線インターネットの基盤を作るなどの取り組みを進めてきた成果であるといえる。

（3）情報の産業化

次に，情報の産業化について見ていこう。情報を顧客に提供することをサービスとしたり，情報を扱ったりするための道具を提供するような産業のことである。情報を顧客に提供するサービスとしては，出版業やテレビ，ラジオなどの商業放送が挙げられる。情報を扱う道具を提供するビジネスとしては，家電業界やコンピュータ業界，ソフトウェア業界などが挙げられる。

情報サービスが近代的な産業になるきっかけを作ったのは，15 世紀のグーテンベルクに始まる活版印刷の登場だったといっていいだろう。大量の印刷物を複製して配布できるようになったことで，商業的な出版が可能となった。著作権といった，産業を成立させるための制度整備などが始まったのもこのころである。電信の発明，無線技術の発達など，以降，技術の進化とともに情報の新しいビジネス形態が生まれてきた。

最近では，インターネットが新しいタイプのビジネスをいろいろ生み出している。ネットを利用してさまざまな商品を販売する「産業の情報化」に属するものも多い一方で，電子書籍やネットゲームなど，ネットの力を利用した新しい形態の情報サービスも増えている。

電子化が進むにつれて，情報のビジネス上の大きな特徴が表面化してきたことは特記に値する[3]。すなわち，情報という財は，それを作るまでの初期費用はかかるものの，いったんネットワークに載せられると，新しいユーザーに追加一単位供給する費用（これを限界費用という）が限りなくゼロに近い。このような財を 1 コピー当たりいくら，といった

3）國領二郎『オープン・アーキテクチャ戦略』ダイヤモンド社，1999 年

ビジネスモデルで提供すると，より多くのユーザーを獲得して初期費用を大きな分母で割って販売できるマーケットリーダーが圧倒的にコスト面で有利になる。これがデジタル業界で「一人勝ち」現象が起こりやすい原因となっている。

一人勝ちが起こりやすい背景として，「ネットワーク外部性」（図9-2）についても理解しておきたい。ユーザーが増えるほど利便性の高まることをいう。ICTによってネットワーク化されたサービスは，「つながり」が価値になることが多く，1人しか利用していないとつながりゼロ，2人だとつながり数1，3人だとつながり数3，4人だとつながり数6，と二次関数的につながりが増えていく（正確には　$n(n-1)/2$）。マーケットシェアを高めたサービスは，コスト的にも利便性の高さの面でも優位を獲得することになる。

このような利益独り占めというような現象が起こりやすい一方で，サービスの無償化によって利益が出にくくなる，といった現象が起こりがちなのもICT産業の特徴である[4]。限界費用が低い業界で競争が生じ

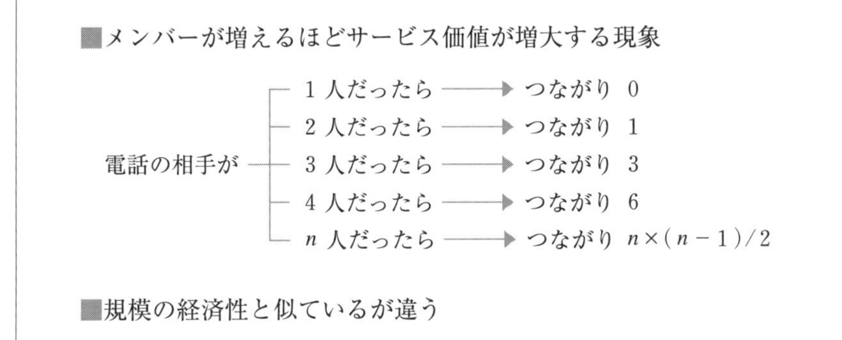

図9-2　ネットワーク外部性

---

4) Anderson, Chris, *Free : The Future of a Radical Price*, Hyperion (2009), クリス・アンダーソン，小林弘人監修・解説，高橋則明 訳『フリー～〈無料〉からお金を生みだす新戦略』日本放送出版協会，2009年

ると，どんどん価格が引き下げられていき，初期費用を広告などでまかなえる場合には，無料で提供されることも多くなってくる。数少ない大企業が巨大な利益を生み出したり，無料のコンテンツやサービスが大量に出回ったりする「情報経済」が，伝統的な「モノ経済」とは大きく違う性格を持っているところは興味深い。

さらに最近のネット利用の情報サービスの大きな特徴として，顧客が発信する情報が大きな価値を持つようになってきていることが挙げられる。たとえば検索連動型の広告などは，多くの人が検索，つまり調べた情報をサービス提供者が集積して，分析し，次の利用者にとって価値の高そうな情報をプッシュすることで成立している。IC カードを鉄道の乗車に利用するときなど，日常生活の中でも多くの情報が発信され，それを集積すると都市の中で人間がどんなふうに動いているかがわかるようになって，防災計画に役立てたりすることができるようになる。

3．情報資産の時代

さまざまな情報通信技術の産業応用の例を見たうえで，改めて情報通信技術と産業の歴史を振り返ってみると，今「第 3 期：情報資産活用の時代」ともいえる局面に入っていることがわかる。これを理解するには，第 1 期から考える必要があるだろう。

第 1 期は，ハードウェアの時代である。コンピュータ黎明（れいめい）期の 1940 年代ごろから 1980 年代ごろまでは，ハードウェアの性能に限りがあって，情報産業で競争力を持つということは，より性能の高いハードウェアを開発・製造できたり，所有して新しいサービスを提供できたりするか，ということと同義だったといっていい。たとえばオンライン化ができていて，どこの支店でも預金の出し入れができる銀行と，特定の支店でしか出し入れできない銀行の実力差は一目瞭然（りょうぜん），といった時代だ。

第2期は，1980年代ごろからのソフトウェアの時代である。ハードウェアの性能が高まってくるにつれて，それを多様に使いこなすソフトウェアの重要性が高まった時代である。ムーアの法則でどんどん能力を高めるハードウェアに対して，ソフトウェア生産性の伸びは緩やかで，それまでのシステムが「ハードウェアに合わせてソフトウェアを作る」といった思想で作られていたのに対して，このころから，「いったん作ったソフトウェアはなるべく多くのハードウェアで使いまわす。そのためには多少のハードウェア資源のむだづかいは許容する」という思想で作られるようになってきた。この時代の象徴がパッケージソフトウェアで，汎用的に作られたソフトウェアが多くのハードウェアで使われるようになってきた。

21世紀に入って，今度は第3期「情報資産」の時代というべき局面に入ったといえる。役立つ情報をクラウドなどにたくさん集積して，蓄積したさまざまな情報の間の関連性を抽出したりするなどして，「意味」づけを行って，新しいビジネスチャンスを作っていくようなモデルの台頭だ。ネットでショッピングをしているときに，「その商品を買われた方は，ほかにこの商品を買われることが多いようです」とさりげなく誘うようなモデルは，大量の情報の蓄積，関連づけ，意味づけの作業の結果生まれている。

4．新しいビジネスモデルの創造

情報資産の時代に入った大きな理由に，ビジネスモデルの発見があったといっていいだろう。それまでは情報がいくらあっても収益化することが難しかったのに対して，検索した単語に即した広告を表示する「検索連動型広告」などに代表されるような，消費者側が発信した情報を蓄積して多くのユーザーからの経験値をもとに，個々のユーザーのニーズに即した情報を提供して消費を誘導する「ターゲット・マーケティング」などの手法が出てきた。これによって，より多くの情報を蓄積し，情報間の関連性を発見して意味ある情報を引き出す能力のある企業の優位性が高まった。

ビジネスモデル変革でもう一つ顕著なのが，つながりを前提としたビジネスだ。たとえば，近年，無人のコインパーキングで車を借りられるようになってきている。これがなぜ可能かといえば，コインパークも，車も，借りる人のスマートフォンも，すべてがいつでも接続可能であり，連絡がとれ，場所が把握でき，車の利用状況がセンター側で把握できるようになっているからである。

少し抽象化していうと，近代のマスマーケティングはこれまで，生産者とエンドユーザーが切れていることを前提としてきた。たとえば，本を書店で売るような場合には，著者も出版社も誰が本を買ってくれたのかは基本的にわからない。このように，売ったものがどこに行ってしまったかわからないときには，必然的にカネと引き換えにモノの所有権を移転させて，関係をその場で完結させるのが商売の基本となる。これに対して，今日のように，すべてのモノがICTを介して接続されるようになってくると，すべての取引を「一発完結」(所有権移転) させず，ICTとデータベースによる「つながり続ける」関係の中で，必要なときに必要なものの「利用権をライセンスする」モデルが相対的に有利になってくる。利用権ライセンス型のほうが，顧客の利用状況などを把握しやすい，顧客の好みに合った商品を推奨しやすいなど，情報資産時代のマーケティングを行いやすいからだ。

5．飛躍に向けた課題の克服

以上，情報通信技術の経済的なメリットをいろいろ論じてきたが，最後に，その利便性を享受しようと思うといくつか越えなければいけない課題があることも指摘しておきたい。

その1が，プライバシーだ。ユーザーが発信する情報が大きな付加価値を生み出すような時代になって，改めてプライバシーの問題をどう整理するかが課題となってきている。ある人が発信した情報を，他の人がキャッチして，他の情報とも組み合わせて利益を生むデータベースを作ったようなときに，その情報は誰のもので，プライバシーはどのように守ればいいか，という課題もある。

その2は，セキュリティ問題である。悪意のある人が，情報通信技術をストーカー行為を行うために利用する，といったことも考えられる。また，多くの人が情報通信に頼った生活をするようになった今，通信ネットワークを破壊することで社会を混乱させようと思うテロリストなどにも備えなければならない。

その3は，児童ポルノや違法コピーなどの犯罪的なコンテンツが蔓延（まんえん）することへの防止策だ。この問題は規制しすぎると，表現の自由の確保という別の重要な守るべき権利と相反する面があるので，よくよく考えないといけないのだが，放置はできない。

そのような問題があることを認識しつつ，だから情報通信技術を使うのをやめる，というのではなくて，問題を正面から取り上げて解決したい。それを実現するうえで重要となるのが，「ICT時代の産業基盤」である。

たとえば，ネットでアクセスしてきている人が，本当に申告どおりの人であるかを確認する認証基盤が，中小の事業者も利用できる共通基盤として用意されていたら，新しいネットビジネスを興したりすることが容易になるし，未成年保護などの対策もとりやすくなる。ネット上で個人間売買をするにあたって，間に立って信用を仲介する仕組みを作れば，必要以上にプライバシーを開示しなくても，安心して取引ができるようになる。ウイルスの蔓延などに対するセキュリティ対策や，著作権管理などについて共通基盤があれば，社会全体としてのコストが下がり，さまざまなICT利活用型の産業が栄えると思われる。

クラウド，スマートフォンなどの登場によって，ICTの可能性は新しい局面を迎えたといっていい。その果実をしっかり手にするためにも，必要な基盤への投資を行って環境を整備していきたいものである。

学習課題

(1) 情報の産業化と，産業の情報化の具体的な例を記述してみよう。

(2) ICTを活用した新しいビジネスモデルにどのようなものがあるかリストアップし，それらが，ユーザーとビジネスにどのようなメリットをもたらして普及しているのか，調べてみよう。

10　情報社会のプラットフォーム

國領二郎

《学習の目標》　ネットワーク社会の大きな特徴は，多様な主体やシステムが結合して大きな価値を生み出すことである。しかし，多様な主体が結合するためには，共通の基盤（プラットフォーム）がなければならない。その構造を理解する。
《キーワード》　プラットフォーム，多様性，共通性，信頼，インセンティブ，インターフェース

1．情報社会の基盤

情報技術や情報社会を語るキーワードの一つとして，「プラットフォーム」がある。他産業（たとえば，自動車産業では複数の車種に共通した車台の意味）で使われていたが，ICT 業界では，この 20 年くらいで急速に普及した用語だ。

抽象的な概念であり，特定のハードウェアを指してプラットフォームと呼んだり，ソフトウェアの集団をいったり，あるときには組織を指したり，さまざまなものがプラットフォームと呼ばれる。結果として，いささか意味があいまいになっている面があるのだが，共通点を挙げると，何らかの形で，多くのシステムが共通に使う「基盤」となっているものがプラットフォームと呼ばれる。

代表的なプラットフォームとしては，OS（基本ソフト）やブラウザが挙げられるだろう。圧倒的シェアを持つ OS やブラウザがあることで，アプリケーションソフトウェアを作る事業者は，それらを共通基盤

として活用しながら自社のサービスを提供していく。

クレジットカードなど，多くのネットショップで共通に使われるサービスなども，プラットフォームと呼んでいいだろう。それをサイトの機能の中に取り込むことで，各事業者は独自に決済システムを作ることなく，サービスを展開できる。

生鮮食料品や株式などが売買される取引所などは，地域経済におけるプラットフォームとなっている。それが存在することで，多くの事業者が経済活動を行うことができる。

プラットフォームに近い概念として，インフラストラクチャーがある。どちらも不特定多数の企業や個人に活動の基盤を提供するもので，確かに共通点は多い。実際，情報社会の文脈でも通信ネットワークなどはインフラストラクチャーという表現で語られる場合が多い。

このように伝統的に基盤を指す言葉がありながら，近年プラットフォームという言葉が多用されるようになった背景には，(1)インフラストラクチャーが含意する官あるいは免許事業体による独占（寡占）的サービスではなく，誰でもが提供できるものの役割が大きくなってきたこと，(2)単に事業者と利用者の連携ではなく，利用者間の連携を深める（C2C あるいは B2B）タイプのものが増えてきたこと，などが挙げられる。新しい現象を的確に示すために，プラットフォームという新しい言葉が使われるようになったのである。

2．プラットフォームの重要性

プラットフォームという概念が広がったのは，1980 年代に急速に進展した，情報システムの「オープン化」がきっかけになったといっていい（國領，1999)。それまでの情報システムは，中央演算装置から，周辺機器，そして応用ソフトまで，同一の会社が一括して納入するのが常識だった。さらにいえば，1960 年代までは，ソフトウェアはそれぞれのハードウェアに最適化した形で個々に作られたので，新しい機械を導入するたびに，ソフトウェアも新たに作り直さなくてはならなかった。記憶装置などが小さくてソフトウェアも小さかった時代にはそれでよかったのである。

ところが，次第にハードウェアの能力が高まり，ソフトウェア資産の数も大きさも大きくなるにつれて，ハードウェアを入れ替えるたびにソフトウェアを作り変えていては手間がかかりすぎるようになってきた。そこで生まれたのが，基本ソフトウェア（OS）という考え方である。ソフトウェアを新しいハードウェア用に「翻訳する」基本ソフトを介すれば，古いハードウェア用のソフトを新しいハードウェア上で使用することができるようになった。当初はそれも同一メーカーのハードウェア間で可能だったのだが，パーソナルコンピュータ用のウィンドウズ OS や，ワークステーション用の UnixOS が登場することで，どのメーカーのハードウェア上でもソフトウェアの動作を可能にさせるようなプラットフォームが登場して，支持を集めたのである。

世の中のすべての電子機器をつなぐインターネットの登場は，プラットフォームの重要性をさらに高めた。コンピュータだけでなく，スマートフォンやテレビなど，多種多様なものをつなぐうえで，たとえばブラウザのような共通基盤があることで，情報流通が促されるからである。

図 10 - 1 は，コンテンツ配信ビジネスを想定した分業の構造を図示したものである。これを見ると，コンテンツ配信，決済機能提供者（クレジットカード会社など），端末提供者など多様なプレーヤーをつなぐプラットフォームが重層的に重なっていることがわかる。インターネットや，さらにその基盤となっている通信インフラストラクチャーまで含めると，さらに深い層（レイヤ）構造となっていることがわかる。

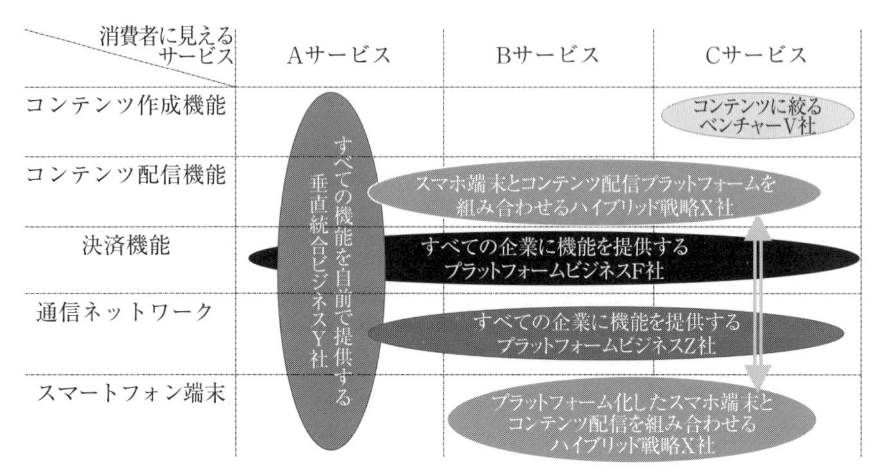

図 10－1　コンテンツ配信産業におけるプラットフォーム化のイメージ

また，プラットフォームを業界全体に提供するもの，組み合わせで提供するもの（図中ではX社），プラットフォーム提供を避けて，サービスを絞り込むベンチャー（V社）など，さまざまな戦略が展開されうることもわかる。

多層なプラットフォーム間の役割分担は必ずしも安定的なものではなく，ときには，あるレイヤのプラットフォームが大きくなって隣接のプラットフォームをのみ込んでしまったり，競争力を失って他のプラットフォームにとって代わられてしまうプラットフォームが現れたりする。

このようにプラットフォームが多層的なレイヤ構造をしていることは，システム全体の進化に役に立っているといっていいだろう。たとえば，ブラウザを前提としたアプリケーションは，同じブラウザを使う限りにおいて，基本ソフトが入れ替わっても機能する。このことによって，ある前世代では圧倒的な力を持っていた企業が提供する基本ソフトが競争力を失って，他の基本ソフトに乗り換えたとしても，アプリはそのまま利用することができる。多層構造をしていることで，基本ソフトの進化が進展しやすい状況が作られているといっていいだろう。

3．つながりの場としてのプラットフォーム

ネットワーク化が進むにつれて，システム的なプラットフォームだけでなく，社会的なプラットフォームの重要性の認識も高まってきた。社会的な課題に，行政だけでなく，企業や学校，NPO など，多様な主体が協力して解決しようとするときなど，それらの主体の連携を促進するような中間組織が活躍する場面が増えてきたからである。さらには，社会的に意義のある活動のために募金を集めるためのプラットフォームが設置され，そこに多くの個人が集まって，お金だけでなく知恵や社会的求心力を作る場となっているような事例が増えてきている。

社会的基盤としてのプラットフォームは，単に多くの人やシステムが使う共通基盤という意味を超えて，多様な人やシステムが結合していく媒介という意味合いを強く持っている。たとえば，ソーシャルネットワークのプラットフォームの価値は，そのうえで多くの人がつながってコミュニケーションをしているところにある。新たな関係が共通の知人などを介しながら作られていくという構造は，プラットフォームの本質をよく表している。(國領編著，2011)

つながりの媒介という意味において，経営学でよく使う似た概念に「場」がある。プラットフォームも場も，そこに身を置くことによって，他の主体とのコミュニケーションが促進されるという意味において近い概念といってよいが，違いは，場というのが，自然現象的かつ事後的に生まれるものであることを前提としているのに対して，プラットフォームは明示的かつ人工的に設計され構築される人工物としてとらえることができることである。

人工物であることの象徴として，プラットフォームがつながりを作るうえでの重要な役割を果たすのが，プラットフォームがその参加者に課す，ルールや制約であることが挙げられる。ハードウェアなどでいえば，インターフェースの技術的な規格がそれに相当する。ソーシャルネットワークなどでいえば，匿名を旨とするか，実名を旨とするかといったルールなどがそれに相当する。どれだけの遠さの友達とまで情報を共有するか（たとえば，友達の友達までは書き込み記事を見せるが，それより遠い関係の人間には見せない）などを選択できるようにするような選択可能な仕組みも，選択肢を限定しているという意味で，制約を定めるルールといっていいだろう。

これらのルールの存在は，参加者が新しい関係を構築するためのコストを下げる効果がある。新しい相手と関係を構築するたびに，その関係に独自のルールを定めなければならない状況を想定すると，共通化されたルールや，インターフェース（情報交換の語彙（ごい），文法，文脈や規範など）が定められていて，それに従えばよいというほうが手間を大幅に節約できることは容易に理解できるだろう。

このことは，ICT 社会において，単に「どこでもつながる」ネットワークが存在するだけでは，実際にはつながりは生じず，「誰でも，なんでも」つながるようにするためには，そのつながりのルールや媒介が必要であるということを意味している。それを提供するのがプラットフォームということになる。

地域社会などにおいて，行政だけでなく，大学，企業，NPO など多様な主体が，行動原理やコミュニケーションの方法を異にする主体たちと協働しながら課題解決にあたる局面が，これからますます多くなっていくだろう。そのようなときに，共通のコミュニケーション基盤やルールを提供しながら，さまざまなつながりを演出する機能を担うプラットフォームの役割がますます大きくなっていくことだろう。

4. プラットフォームの機能

プラットフォームが多様な人や，ものやシステムを結合する共通基盤となるためには，いくつかの基本機能を具備していなければならない。

第1は，共通インターフェースの提供である。多くのシステムや主体が結合して，協働するためには，すべてのプレーヤーが共有する接続のルール（インターフェース）が存在しなくてはならない。ハードウェアの例でいえば，システム間で交換する信号の物理的な規格（電圧など）だけでなく，その信号が持つ意味などに共通の理解がなければ，システム間連携は成立しない。社会的なプラットフォームにおいても，用語の意味（語彙）などを共通化しておかないと，思わぬ誤解が発生したりしてしまう。プラットフォーム上では共通言語が使われるようにしたり，場合によっては，プラットフォームに翻訳機能を持たせたりすることで，連携のためのコミュニケーションがとりやすい共通基盤を形成することが，プラットフォームの最大の機能といってもいいだろう。

第2は，プレーヤー間の信頼の醸成である。多くのシステム間が連携して，最終顧客のニーズに応える機能を実現する場合には，システム間，プレーヤー間に相互に信頼が成立していなければならない。このとき，すべてのプレーヤーの組み合わせの信頼が成立していない場合でも，間に立つプラットフォームと各プレーヤーの間に信頼が成立していれば，すべてのプレーヤーがプラットフォームを信頼する形で，全体の信頼を形成することが可能となる。OSの提供者などが，「互換性」のチェックを行って，合格していないものが接続されようとすると，ユーザーに警告を発したりすることがある。そのようなメカニズムがあることで，多様なメーカーが提供するハードウェアを安心して接続しながら使うことができる，という意味でプラットフォームが信頼醸成をしている例といえよう。

第3は，インセンティブ形成機能である。プラットフォームの存在価値は，多くのシステムや人を協働させることで，大きな価値を生み出すところにあるが，そのためには，多くのプレーヤーにプラットフォームを活用してもらわなければならない。多くのアプリケーション（アプリ）が使える携帯電話プラットフォームのほうが，少ないものより価値が大きくなると説明すると，理解しやすいであろうか。より多くのプレーヤーにプラットフォームを活用してもらうためには，協働によって生まれる「ネットワークとしての全体利得」を，各プレーヤーに的確に還元していくメカニズムが必要である。ユーザーも含めて，すべての関係者がプラットフォームを活用することで，何らかの利得（経済的なものでも，帰属感のような無形のものでもよい）を得られていると思わせる関係を構築することが，プラットフォームの重要な機能であるゆえんである。

5．プラットフォームビジネス

プラットフォームがインフラストラクチャーと大きく違うのは，提供の主役が主として民間企業であるということだろう。基本ソフトにおけるリナックスのような顕著な例外はあるし，一見，利他的に見える無償開放などがされている例もある。しかし，それらも含めて，多くは営利事業として提供されている製品やサービスが，プラットフォームの役割を担っている。そのような事業としてプラットフォームを提供している企業などは，「プラットフォームビジネス」と呼ばれる。

インフラストラクチャーが一般にはビジネスとしては成立せず，公的に提供される場合が多いのに対して，プラットフォームがビジネスとして成立するのにはいくつか理由がある。

第1に，多くのプラットフォームはインターネットなどの存在を前提として，ソフトウェアやサービスとして，小さな固定費で開始することができるからである。サーバーを1台借りて，そこに入れた自作のソフトウェアで開始したプラットフォームが，やがて世界の億単位のユーザーを獲得するプラットフォームに成長する，といった夢を見られるのがプラットフォームビジネスの世界である。

第2に，広告などのビジネスモデルが描けていることである。実はインターネットが登場してからしばらくは，ネットビジネス全般についてなかなかビジネスモデルが見えずに離陸に苦労した面がある。しかし，21世紀初頭になって，検索などでユーザーが入力するキーワードを手がかりに，各ユーザーのニーズにぴったり合致した広告を行う「ターゲットマーケティング」などが行われるようになったころから，成功したプラットフォームビジネスには大きな収益がもたらされるようになってきたのである。

6. プラットフォームの覇権

プラットフォームビジネスは，より多くのプレーヤーを連携させることで価値を増大させる。このことは，事業としてのプラットフォームビジネスにはネットワークの外部性が働くということを意味している。ここでのネットワーク外部性とは，ある製品やサービスの利用者が増えれば増えるほど，利用者にとってのその製品や財の価値が高まる現象を示している（第9章，図9 - 2を参照）。

ネットワーク外部性によって利用者が増えてくると，今度は規模の経済性も働くようになってくる。特にソフトウェアなどに代表されるデジタル製品は，いったん開発がすんでしまうと，同じ製品を複製して供給量を増やすコストは非常に小さく，規模の経済性が強く働く。つまり，売れば売るほど利益が大きくなる構造となっている。

ネットワーク外部性と規模の経済性が二重に効くようになってくると，業界リーダーとなったプラットフォームの利益率がどんどん高まってきて，2位以下を圧倒するようになってくる。強者の「ひとり勝ち」が起こりやすいのがプラットフォームビジネスの世界である。

プラットフォーム提供のリーダー企業は，競合事業者だけでなく，プラットフォームのユーザーに対しても立場が強くなってくる。利用者にとって他の選択肢が少なくなるからだ。プラットフォームビジネス側からいえば，このことはビジネスとして安定性の高いポジションにいられるということを意味している。業界トップになれば，利益率は高く安定的に事業展開ができる。事業家としては魅力の大きいビジネスで，ICT関連のビジネスは自社のビジネスを業界のプラットフォームにしようとして激烈に競争することになる。

このようにプラットフォームビジネスとしてリーダー的な地位を獲得できれば，安定した高収益が見込めるために，「覇権」をめぐる競争は熾烈（しれつ）なものとなる。より多くの利用者を獲得するために，派手なマーケティングをしたり，サービスを無償化したり，さまざまな手法が繰り出されることとなる。

7. プラットフォームとベンチャービジネス

プラットフォームビジネスは，自身が提供している分野では強者のひとり勝ちの状況を生み出すが，それを利用してビジネスを起こすベンチャーなどにとっては，非常に便利なビジネスの場を提供する存在ともなる。携帯電話の上で動くアプリを提供するビジネスはベンチャーの登竜門となっているが，それはアプリを動かす，ハードウェアや基本ソフトのプラットフォームの存在が前提となっている。仮にプラットフォームが存在せず，ベンチャーが自らハードウェアや基本ソフトまで自主開発して利用者に提供しなければならないとしたら，コストが巨大になりすぎて，とてもベンチャーでは対応できないだろう。このようにプラットフォームは，ベンチャー企業の参入コストを大幅に下げて活性化させる機能を持っている。

ここで注意すべきは，そのようなベンチャーの存在が，ベンチャー自身だけではなく，プラットフォームビジネスにとっても有利だということである。一昔前の経営戦略論であれば，ベンチャーによるアプリの提供などは認めずに，すべての応用商品を自社で提供して売り上げを独占する「囲い込み」，あるいは「垂直統合」[1]を推奨したところであろう。しかし，競争のスピードが加速度的に速くなってきている今日，すべての応用商品を自前で開発するには時間がかかりすぎる。そこで，プラットフォーム活用のインターフェース（Application Programming Interface : API）を開放して，ベンチャーにプラットフォームを活用したサービスを始めやすい状況を作り，ベンチャーに開発を競わせるような戦略が一般的になりつつある。

このようなプラットフォーム事業者が，自社以外の企業に自社のビジネスの付加価値を高めるような財やサービス（補完財）の提供を促して，自らの価値を高めようという戦略を「生態系戦略」といって，ICT産業において，今や主流をなす考え方となっている（Moore，1996）。

生態系という表現から，競争のない平和共存的な世界を想起しがちだが，実際のプラットフォーム事業者と補完財提供者の関係は，厳しいものが多い。ベンチャーがプラットフォームを利用してサービスをデジタル販売する場合の手数料率などをどのように設定するかによって，利益がプラットフォーム側に発生するか，ベンチャー側に発生するかが大き

1）自前主義，NIH（Not Invented Here）症候群と呼ばれることもある。

く異なってくるからである。プラットフォーム側の視点からは，ベンチャーが活性化するために十分低く，かつ，自社の利益を極大化するのがよい。ベンチャー側からすると，少しでも魅力的なサービスをエンドユーザーに提供して，プラットフォーム側から，より有利な利用条件を引き出すことが関心事となる。いずれにせよ，力の勝負となる世界である。

8．創発的価値創造の場

ベンチャーなどが活躍する生態系経営が魅力的なのは，それがときとして，プラットフォーム提供が，事前にはまったく想定していなかったような新しいサービスを生み出すことがあるからだ。

多様な主体がさまざまな組み合わせで結合することで，従来にはなかったまったく新しい価値を生み出す現象を「創発」と呼ぶ（國領編著，2011，Luisi，2006）。そのように考えたとき，プラットフォームの最終的な価値は，そのような創発的な価値創造を生み出すことにあるといっていいだろう。プラットフォームがさまざまな主体をつなぐことで，加速度的に新しいサービスが誕生するようになる。それらの新しいサービスがプラットフォームビジネスの利用者を増やすことで，プラットフォームへの投資が増えて，生態系がさらに進化していく。そんなサイクルに持ち込むことができたときに，日本のICT産業も大きく飛躍することだろう。

引用・参考文献

(1) Luisi, P. L., *The Emergence of Life from Chemical Origins to Synthetic Biology*, Cambridge University Press, 2006，ピエル・ルイジ・ルイージ，白川智弘・郡司ペギオ－幸夫 訳『創発する生命――化学的起源から構成的生物学へ』NTT 出版，2009 年

(2) Moore, James F., *The Death of Competition : Leadership & Strategy in the Age of Business Ecosystems*, New York : HarperBusiness, 1996.

(3) 國領二郎『オープン・アーキテクチャ戦略』ダイヤモンド社，1999 年

(4) 國領二郎＋プラットフォームデザイン・ラボ編著『創発経営のプラットフォーム』日本経済新聞出版社，2011 年

学習課題

(1) 日常的に使っているプラットフォームを一例挙げ，それがどのような機能を果たしているか記述してみよう。

(2) 衰退してしまったプラットフォームを一例挙げ，それが何ゆえ衰退してしまったのか理由を考えてみよう（例が思い浮かばなかったら，郵便と電子メールと SNS メッセージの間で，どのような競争が起こっているか考えてみよう）。

11 情報技術によって変貌を遂げる科学

下條真司

《学習の目標》 情報通信技術を最初に貪欲(どんよく)に取り入れ始めるのは，科学そのものである。このように情報通信技術（ICT）と強く結合した科学の方法論のことをe-Scienceやデータ活用型科学と呼ぶ。本章では，e-Scienceやデータ活用型科学のさまざまな例に触れながら，最先端の情報通信技術により科学の方法論がどのように変わってきたかを展望する。
《キーワード》 e-Science，データ活用型科学，学術研究ネットワーク

1. e-Scienceとは

いつの時代も科学は，貪欲に自然を観測し，実験するための新しい道具を生み出してきた。星や惑星の動きを観測するために望遠鏡を発明したし，細菌や金属の結晶を観察するために顕微鏡を発明した。科学の発展のために科学者は最先端の技術を駆使して，新しい道具を生み出し，方法論を駆使して自然に切り込んでいく。

コンピュータとネットワークによって構成されるICT（情報通信技術）も，数々の道具と方法論を生み出し，今や科学にとって欠くべからざるものになるとともに，科学のあり方そのものも大きく変えようとしている。すなわち，これまでの自然界に向き合って観測から理論構築を行う方法論ではなく，コンピュータに蓄積された膨大なデータを相手に，理論構築，シミュレーション，データ分析を駆使し，ネットワークを利用してそれらのデータを世界中で協力して分析することによって，科学を推進しようという方法論である。このような最先端のICTに支

えられた科学の進め方をe-Scienceと呼んでいる。本章では，このe-Scienceのいくつかの例を示しながら，科学を支えるICTおよびネットワーク技術について概観することにする。

（1）e-Scienceの概要

現在，世界中で行われている科学における情報技術の利用について概説する。

コンピュータは，複雑な科学技術計算を高速にこなすのにうってつけの道具である。弾道計算や天体の動きなど，観測したデータと理論による計算値を比較し，理論の正しさを確かめるというふうに用いられる。最近では，スーパーコンピュータと呼ばれる超高速の計算機によって原子，分子の動きや，銀河同士が衝突する様子を計算することができるようになってきている。このような現実の現象を計算機の中で再構築して，検証する，いわゆるシミュレーションは，自然科学ばかりではなく，経済学などでも用いられるようになってきた。また，大量のデータを蓄積し，比較し，分析するといったことも計算機の得意とするところであり，さまざまな科学で用いられている。

一方，情報をやり取りするための通信技術も科学のいろいろなところで用いられている。もともとインターネットが発明された1970年ごろは，高価だった大型計算機を全米のあちこちの大学や研究所から，遠隔で利用するために開発が進められたのである。しかし，インターネットが動きだし，計算機の遠隔利用ばかりではなく，電子メールやファイルの交換などさまざまな利用が可能であることがわかると，研究者たちはむしろそちらを多く利用するようになった。これまで，電話やファクスなどしか通信手段を持たなかった研究者たちが，インターネットという新しい道具を得て，使いこなし始めたのである。いち早くこのことに気がついたのは，核物理学者たちであろう。もともと加速器という巨大な実験装置を必要とした彼らは，全世界でも数少ない実験装置を世界中で共有していた。世界中の研究者が，協力して実験を行い，分析を行っていたのだ。そのため，電子メールという新しいコミュニケーション手段は，時差を超えて相手に届く格好の道具であった。

そう考えると，Webのもととなったアイデアが，スイスの核物理研究所CERNの技術者だったティム・バーナーズ＝リーによって生み出されたのも納得がいく。研究の結果，生み出されるさまざまな文書やデータを世界中で簡単に共有できないかと考えたわけだ。

アメリカではARPAnetで始まったインターネットは，その後，1986年にはNSFnetとして引き継がれ，研究者の必須の道具になっていたが，1995年にいったんその大部分を民間に任せることとなった[1)]。これによって，インターネットは民間が活用できる技術となり，今日のような爆発的な発展を迎えることになる。

一方で，NSFも2003年の大統領への報告書[2)]に基づき，ICTの技術革新を取り入れた科学の進化を推進させること，すなわちcyberinfrastructureを構築することを決める。このプログラムが，当時，爆発的にその能力を高めていたスーパーコンピュータを利用するための，スーパーコンピュータセンターを中心にして行われたので，スーパーコンピュータセンターの利用者が，ネットワークを使ってスーパーコンピュータを利用するためのコミュニティ（アライアンス）が生まれた。このころ，イギリスでは，e-Scienceとして同様のプロジェクトが始まっていた。

1）A Brief History of NSF and the Internet（http://www.nsf.gov/news/news_summ.jsp?cntn_id=103050）

2）Report of the National Science Foundation Blue-Ribbon Advisory Panel on Cyberinfrastructure（http://www.nsf.gov/od/oci/reports/toc.jsp）

（2）グリッドの誕生と発展

アライアンスによって，コミュニティで生み出されたさまざまなツールの共有が行われるようになった。スーパーコンピュータを使った科学実験というのは，単純に1つのプログラムだけを走らせるわけではない。計算に必要なデータを準備し，異なるデータの組み合わせに対して，プログラムを走らせ，出てきた大量のデータを分析し，といったようにいろいろな段階でいろいろなプログラムが必要であるが，計算そのもの以外に使うプログラムというのは，共有できる場合が多い。また，このようなプログラムは組み合わせても使われる。

これらの共通ツールが政府支援によってオープンソースで開発され，普及した結果，さまざまなプログラム同士のデータのやり取りの標準化といったことが進み，それがグリッドコンピューティングの誕生につながっていった。

グリッドとは，世界中のスーパーコンピュータをネットワークで相互に接続し，電力網のようにどこからでも必要なコンピュータパワーを提供できるようにしようというもので，ここからグリッドコンピューティングというアイデアが生まれた[3]。

基本的には，標準化によってもたらされた共通のプラットフォームサービスをみんなが使うことによって，どこにあるコンピュータでも利用できるようになる。当時，欧米で生まれつつあったこのようなプラットフォームサービスの標準化によりグリッドコンピューティングが進行していく。また，これには当時進みつつあったWeb同士を連携させようとするWeb Serviceの標準化を取り込むことにより，Web技術との親和性を高め，OGSA（Open Grid Service Architecture）として，標準化団体であるOGF（Open Grid Forum）において制定，標準化された[4]。

3）Morgan Kaufmann（2004），*The grid : blueprint for a new computing infrastructure*, edited by Ian Foster, Carl Kesselman.

4）OGSA Primer Summary（http://www.ogf.org/gf/page.php?page=Standards::OGSA_Primer_Summary）

OGSA では，分散する各システム間で仕事をやり取りするための規約，セキュリティなどを定めているほか，データをアクセスする仕組みについても定めている。グリッドのフレームワークに従うことで，自組織にない計算機も利用することができる。

グリッドコンピューティングは欧州では，EGEE というコンピューティングプラットフォームとしてスタートし，今は EGI（European Grid Infrastructure）[5]となっている。わが国も，スーパーコンピュータ京（けい）を頂点として全国のスーパーコンピュータ提供機関や利用者が集まり，HPCI（High Performance Computing Infrastructure）[6]を形成している。一方で，仮想化技術の進展により，クラウドという似たような概念が登場し，そのサービスが登場している。また，最近では“big data”という概念が登場した。これは，科学においてグリッドが可能とする処理だけではなく，望遠鏡や顕微鏡，次世代シーケンサーなどの高性能な観測装置が生み出す膨大なデータを，いかに保全し，管理し，移動させ，処理するかといったことが重要であるという新しい認識である。このデータ集約型科学を“The 4th Paradigm”と呼ぶことがある[7]。

（3）e-Science のいろいろな実例

(1) 天文学における e-Science

天文学も他の科学の例に漏れず観測装置がどんどんと巨大化の一途をたどっている。国立天文台のすばる望遠鏡をはじめ，Gemini，VLT，ALMA など次々と巨大な望遠鏡が稼働し，450 ペタバイトのデータを生み出す LSST の建設も始まっている。これらの巨大観測装置は，2つ

5）http://www.egi.eu/

6）https://www.hpci-office.jp/

7）http://research.microsoft.com/en-us/collaboration/fourthparadigm/

の面でICTなしには存在できない。すなわち，巨大な観測装置から生み出される巨大な観測データを蓄積し，処理するために巨大なコンピュータが必要である。もう一つは，生み出された貴重なデータを世界中の科学者が共有し，さまざまな成果を生み出すための高速なネットワークが必要となる。

これまでの科学はどちらかといえば，秘密主義で成果を独占するためにできるだけ情報を漏らさないという側面があった。このことは一面の真実であるが，一方で天文学のように巨大な観測装置を稼働させ，維持していくためには莫大な費用が必要であり，そのためにも世界中の研究者によって観測装置が共有され，そこから得られるデータを世界中の研究者がそれこそ「しゃぶり尽くして」成果を最大化することが求められる。そのため，天文学者たちは一定のルールを課している。すなわち，「観測されたデータは一定期間最初の観測者たちに専有されるが，その後，公開されなければならない」と。これにより，観測装置と世界中でそれを蓄積したり（アーカイブ），処理したりするコンピュータのネットワーク化が促進されていった。

(2)バーチャル天文台

それが，バーチャル天文台（Virtual Observatory）という考え方にたどり着く。すなわち，世界中に蓄積されている天文データを高速ネットワークで相互につないでお互いのデータを共有しようという発想である（図 11 - 1）。主なサービスとして，データの登録，共有，処理などが，ネットワークを介して行えるようなものがあり，これらが標準化されたプロトコルでネットワークを介してアクセスできるようになっている。このようなVOによって世界中で天文データを保全しながら，環境を向上させることが可能になる。すなわち，1つのVOが何らかの原因で停止したとしても，他のVOがそのデータや機能を肩代わりできるか

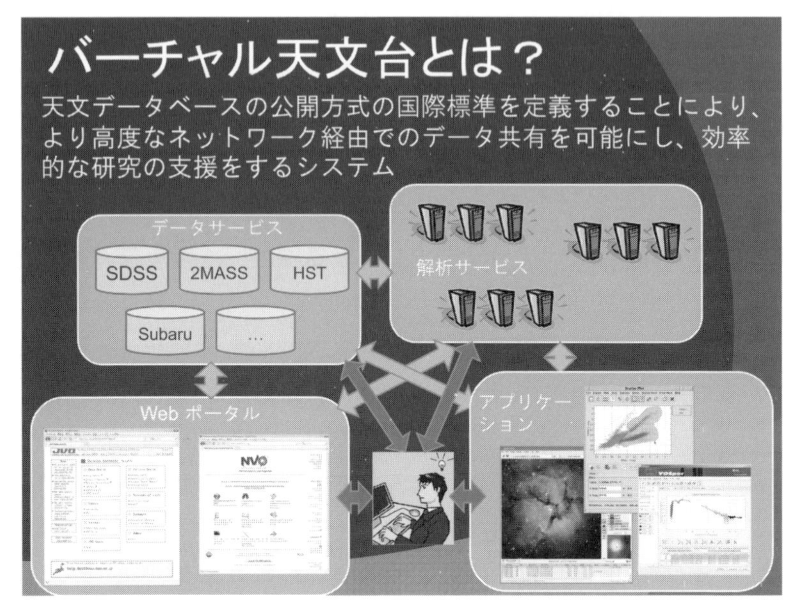

図11－1　JVOのアーキテクチャ（大石雅寿氏提供）

らである。

こういった国際的なVO Frameworkを構築するために，2002年に国際バーチャル天文台連盟（International Virtual Observatory Alliance http://www.ivoa.net）が結成された。この中で，

- 国際的な合意に基づく標準的プロトコルの制定
- VO Frameworkを構成するソフトウェア（レジストリ，ポータル，認証機構，遠隔ストレッジなど）の構築
- VO立ち上げの助言
- データ解析ツールの開発
- 各国のレジストリおよび利用者支援システムの立ち上げと保守

などが行われている。わが国でも，国立天文台においてJVO（http://

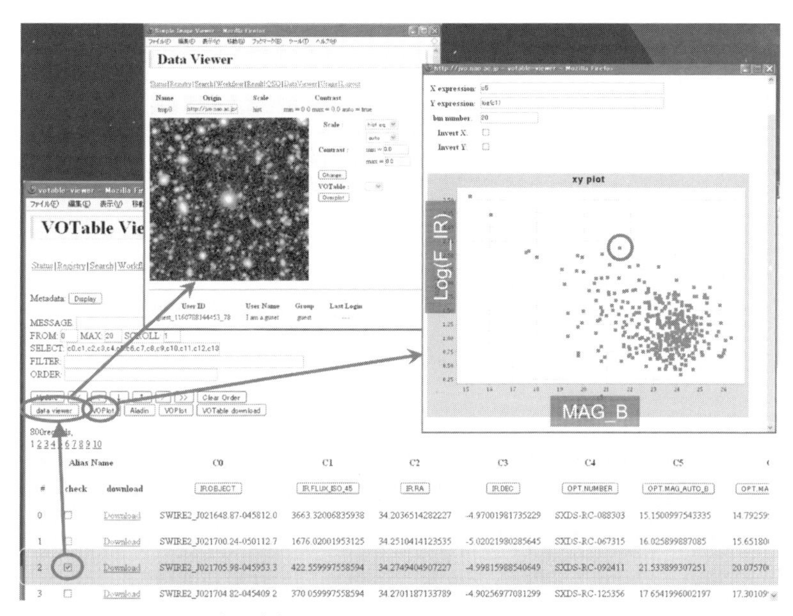

図 11－2　**JVOの適用例**（大石雅寿氏提供）

jvo.nao.ac.jp/）が運営されている。そこでは，すばる望遠鏡やALMAのデータを含め，利用者がBPEL4WS（Business Process Execution Language for Web Services）というワークフロー言語に基づき処理手順を記述することで，簡単に世界の天文データへのアクセスと処理，表示がポータルと呼ばれるWeb上で行うことができるようになっている（図11－2）。

（4）Telescience と Tiled Display Wall 可視化

VOの例のように世界中の科学において始まりつつあるデータの共有は，共有したデータを世界中の研究者が協力して解析し，分析するという現象も生み出している。従来，このような協力は，ふだんは電子メールで結果や意見をやり取りし，たまに国際会議やワークショップを開催して直接会って議論を深めるという形で進められてきたが，高速ネットワークの普及により，インターネットを用いたテレビ会議システムや，より高度なツールを使って行われることが多くなってきた。また，巨大な観測データやシミュレーションデータを扱うことから，より直感的な可視化（Visualization）を用いることが重要になってきた。ここでは，その一例として Tiled Display Wall を用いた遠隔会議の例を紹介する。このような高度な遠隔会議を用いた科学の進め方を Telescience と呼んでいる。

（5）Tiled Display Wall

Telescience で用いられているツールの一つとして，Tiled Display Wall がある。これは，安価なディスプレイを縦横に並べることで，大規模で高精細なディスプレイを作り上げるものである。1 台の PC に

図 11－3　Tiled Display 上で SAGE を動かしている例

ディスプレイボードを複数差し込むことで，複数のディスプレイを担当させ，増やしていくことも可能である。

この巨大ディスプレイを操作するソフトウェアとしては，さまざまなものがあるが，その中の一つに大画面を一つの画面として操作し，複数のアプリケーションを同時に表示できるようにしたものに，シカゴ大学の EVL（Electric Visualization Labo）が開発した SAGE（Scalable Adaptive Graphics Environments）がある。SAGE 上には遠隔から High Vision の映像やイメージ，アプリケーションを貼りつけることができ，超高速ネットワークに接続することで，この巨大ディスプレイを用いて会議に必要なすべての情報を共有することができる（図 11 - 3）。

Tiled Display Wall にはほかにも，イメージなどを表示する CGLX，3D を表示する COVISE といったソフトウェアが開発されており，コミュニティ内ではほとんど無料で手に入れることができる。

Tiled Display Wall はもともと複数のコンピュータをネットワークに接続して同時に映像や 3 次元立体モデルなどを受け取ることができるため，より高速なネットワーク接続に適している。

2. 世界の学術研究ネットワークの現状

（1）世界の学術研究ネットワーク

グリッドや Telescience などの e-Science に対する取り組みが近年急速に発展してきた背景には，それを支える高速な学術研究ネットワークの存在がある。一般的なメールや Web 以外に，e-Science による科学そのものの高度化を促すべく，各国とも高帯域ネットワークの整備に力を入れてきた。これらが，通常の商用インターネットとは別のネットワークを作り上げている（図 11 - 4）。

これを学術研究ネットワーク（R&E network：Research and Educa-

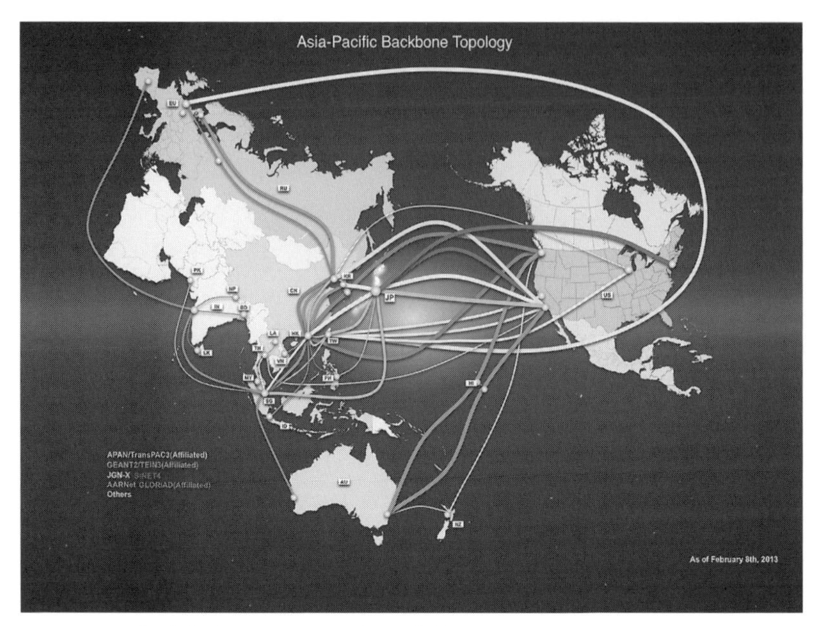

図 11－4　学術情報ネットワークの現状（http://www.apan.net より）

tion Network）と呼ぶ。R&E network は多くの場合，各国の支援により成り立っており，学術研究を目的として大学や研究機関のみが利用できる。ただし，研究開発を目的として企業などが利用できる場合もある。また，インターネットの成り立ちと同様に，各国のネットワークが相互に接続されることによって，巨大なネットワークを形作っている。ここでは，ネットワークを利用した e-Science や e-Science を支えるためのネットワーク技術の研究開発が行われている。

3．ネットワークと e-Science 科学の将来像

科学と情報通信技術は，インターネットがそうであったように，ネットワークと科学は互いに刺激し合って成長を続けている。それは，科学

がいつの時代も新しい技術を貪欲に受け入れてきたからであり，インターネットにおける電子メールや Web といった技術を最初に使い始めたのは科学者そのものであった。科学者が情報通信技術を試すことによって，技術が取捨選択を通して発展し，グリッドから派生したクラウドやビッグデータのように一般に広まっていく面もある。

一方，現在，インターネットではさまざまな問題が顕在化している。すなわち，セキュリティや増大し続けるネットワークに対する要求に応えることができなくなりつつある。もはや，つけ焼き刃で問題を解決できる状況ではなくなりつつある。そこで，インターネットのさまざまな問題を解決するため，まったく新しい土台からネットワークを考えようという新世代ネットワークの概念が提唱され，欧米，日本などでプロジェクトが進められている。このような新しい技術の最初の受容者として期待されているのも科学であり，R & E network と協力した研究開発体制がとられようとしている。

また，急速に進みつつあるクラウド技術を取り入れたサイエンスクラウドという概念も提唱されている。特に，観測装置や計算能力の向上により，科学が扱わなければならないデータが膨大になり，個々の研究者が独自に蓄積したりすることができなくなりつつあり，データの共有と保全の観点からもクラウド上に蓄積しておくことが求められる。

また，経済学や心理学といった領域でも POS 端末によって時々刻々の売り上げ情報が集められたり，携帯電話による人間の位置などが細かく追跡可能になり，これまでは仮定でしかなかった人間や社会の細かい行動を観測することが可能となった。ますますこういった大量の情報の分析に基づく科学的分析は重要になりつつある（高安，2004）[8]。そのため，それを支える大量のデータの蓄積と分析のためのインフラが求められているのである。

8）高安秀樹『経済物理学の発見』光文社新書，2004 年

現状の e-Science が抱える課題として以下を挙げることができる。

- 高精細な観測データや高度なシミュレーションが生み出す巨大なデータをどのように保全し，処理し，移動し，可視化するかは，重要な問題である。
- e-Science を支えるさまざまなソフトウェアは，多くが大学や研究機関で開発されている。これらは，政府などの支援がなければ開発を維持していくことが難しく，継続的に開発・保守できる体制を作ることが望まれている。
- 情報通信技術が科学にとって重要になればなるほど，そのためのネットワークや計算機群は複雑に絡み合いながら，大きなシステムを構成している。このセキュリティをどのように維持するかは，大きな問題である。最新の情報通信技術を取り入れれば入れるほど，新たなセキュリティの問題を生み出すことが多い。
- 科学を遂行するためのソフトウェアが多くなり複雑になれば，その複雑な処理過程を簡易に作成し維持することが重要になる。いわゆるワークフローが高まっている。

学習課題

(1) http://www.apan.net から，世界の代表的な学術情報ネットワークについて調べてみよう。

(2) e-Science の生命科学，医療などさまざまな例を探してみよう。それらの例の中で用いられているソフトウェアとしてどのようなものがあるだろう。調べてみよう。

12 情報社会の生き方

下條真司

《学習の目標》 急速に進化する情報社会を，個人はどう生きればいいのか。本章では，これまで見てきた技術進歩によって，急速に進化する情報社会が私たちの生活や社会と個人との関わりに与える影響を，教育現場の実情を踏まえながら考察する。
《キーワード》 情報リテラシー，インターネットの脅威，ソーシャルメディア，スマートフォン，クラウド

1. 情報社会と個人生活

インターネットを中心とした情報社会の目まぐるしい変化は，個人の生活のあり方をも大きく変えつつある。インターネットでは，オンラインショップによって買い物ができるのはもちろん，新聞や雑誌，銀行まで実社会と変わらない世界がそこに展開し，私たちは実社会で過ごすのと同様，ネットの向こう側で暮らす時間が増えてきている。

しかし，インターネットはまだ登場から1世紀もたっておらず，私たちが実社会と同様の生活感覚を有しているわけでもない。実社会なら，「横断歩道は注意して渡ろう」とか，「電灯のついていない夜道は危ない」といった生活感覚が，私たちが安全に過ごすために確立しているし，「人のものを盗んではいけない」といった倫理も確立している。しかし，インターネットでは，「こういうサイトは危険だ」とかいう生活感覚や，「ここでこういう書き込みをしてはいけない」といった倫理を，人々がそれほどはっきり認識しているわけではない。また，技術の進展

によってインターネットの世界そのものが変化し，それによって生活感覚や倫理が変化していくことも，インターネット上の生活感覚や倫理が確立していない一つの要因である。

本章では，インターネットの進化の先端の部分で起こり始めている個人生活の変化を，そのいい面と悪い面から見ながら，個人としてそれとどう向き合えばいいかを考えていくことにする。

2．クラウドの衝撃

クラウドは，社会に多大な影響を及ぼしている。ここでは，情報産業の面からクラウドで生み出されるサービスについて見ていくことにしたい。

（1）クラウド型サービスの特徴

Google や Amazon のようなインターネット上のサービスは，基本的にはサーバークライアント形式で行われる。このようなサービスは通常は，リクエストをする利用者が増えてくると，負荷が集中して，サーバーが動かなくなる。彼らは，情報システムの仕組みを工夫することで，利用者の増加に伴ってサーバーを増設し，性能を落とさないということを実現している。

Amazon EC2 のようなクラウド基盤サービスを使うと，このようなハードウェア基盤さえ持つ必要がなく，必要なときに必要な分だけ借りることができる。そうすると，インターネット上の新しいサービスのアイデアを持つ人が，とりあえず1台のサーバーでサービスを構築し，お客さんが増えた後に，サーバーを借り増すといったことも可能である。また，うまくいかなかった場合も，借りたサーバーを返すだけでよく，すぐさま撤退できる。さらに，Google などでは，さまざまな API，すなわちGoogleのいろいろなサービスを使うインターフェースが公開されていることから，それらを組み合わせて（いわゆるマッシュアップ），非常に短期間に新たなサービスを構築することもできる。このようなアジャイルなインターネットサービスの構築が可能になるということが，クラウドの真骨頂であろう。

コンピュータやネットッワークへの直接投資がいらない分，サービスを提供するためのインフラのコストは安く，また，規模の制限がほぼないため，利用者数が増えれば増えるほど利益は上がる。サービスを提供しながら，サービスを進化させることができる。すべての利用者に直接サービスを提供するため，利用者の不満などを直接知り，改善させることができる。

（2）フリーの世界

Googleは世界中の膨大なWebの情報を集めて，検索するというサービスを無料で提供している。現在では，それ以外に，メールやカレンダー，ワードプロセッサーや表計算のようなサービスさえ無料で提供している。もちろん，これらのサービスを提供するには，全世界のWebに関する莫大な情報を蓄積し，それを処理して，世界中から検索してもらうための膨大な数のサーバーと，それを世界中とつなげるネットワークを維持するコストがかかる。ソフトウェアの開発でもコストがかかる。それらは主として検索やサービスを使った際に連動して表示される広告料でまかなっている。

Googleのしたたかさは，サービスを維持するコストがだんだん0に近づいていくことを予想できたところである。しかも，Webの情報は時々刻々増加していくのに，ムーアの法則をはじめとするイノベーションによってサービスを維持するコストは，それを上回って下がっていくだろうと。

広告で得られた収入でコンテンツを無料にするのは，テレビやラジオでおなじみのモデルである。これらも番組を配信するコストはほぼ一定であるから，視聴者が増えて広告収入が増えれば，その分は利益になり，コンテンツの質をよくするために使える。Googleもまったく同じである。

一方で，テレビの広告収入が国内に限定されて，パイの大きさが変わらないのに対し，Googleのパイは今や世界の検索利用者であり，そのパイは拡大の一途である。Googleの検索やさまざまなサービスを使う人が増えても，それを維持するコストはほとんど変わらないので，利益のすべてをサービスの向上や新たなサービスの開発につぎ込むことができるのである。このようなフリーのビジネスモデルについては，Wiredの編集者クリス・アンダーソンの著書に詳しい[1)]。

シリコンバレーのGoogleの本社に行ってみると，彼らのビジネスモデルがテレビや雑誌に近いことがよくわかる。自由でクリエイティブな雰囲気の中で，たくさんの人がソフトウェアというコンテンツを生産している。たくさんのソフトウェアの中からGoogleのサービスとしていく。これは，テレビにおける番組作りや雑誌作りとそっくりである。

（3）CGM（Consumer Generated Media）の世界

Googleのような検索サービスを行っている企業にとって最も重要なことは，人々がWebに上げる情報である。これが増えていくことが成長の源泉にもなっている。最初のころは，Webを立ち上げられる人は情報リテラシーの高いわずかな人々であったが，Web作成ツールが登場し，簡単にWebを立ち上げるサービスをプロバイダが始めたりしたこともあって，一般の人々もWebを立ち上げて情報発信に参加できる

1）クリス・アンダーソン，小林弘人 監修・解説，高橋則明 訳『フリー～〈無料〉からお金を生みだす新戦略』日本放送出版協会，2009年

ようになった。マスメディアに対して，このような一般の人々が流す情報メディアをCGM（Consumer Generated Media）と呼んでいる。

当初，Webから始まったCGMの洪水は，blog，youtube，twitter，u-stream，flickerといったように広がり続けている。当初こそ，ごみの洪水になるだろうと揶揄（やゆ）されていたが，現在では，一般的なメディアとして受け入れられている。しかもこのようなCGMの多くが，それを生計としない人々の自発的な活動によって行われているのは，驚くべきことである。このようなCGMが，いわゆる「ロングテール」を生み出し，検索サービスの重要なコンテンツとなっている。さらに，人々のつながりによって情報発信を行うSNS（Social Networking Service）も，メディアと呼べるくらいに育ってきた。

一方で，人々がCGMやインターネットに流される無料の情報に頼るようになると，マスメディアの意味が改めて問われている。新聞やテレビは購読者や視聴時間が減り続けており，旧来のビジネスモデルとして成り立たなくなってきている。

利用者によって作られている百科事典Wikipediaと有料百科事典の代表格である*Britanica*の信頼性に差がないという研究もある[2)]。また，政府，企業，個人がインターネットという情報提供手段を手に入れたことから，積極的にこれを利用しようとし，マスコミと一般の人の情報収集能力に差がなくなってきている。さらに，映像メディアでも技術革新によりプロの使う機材や技術と素人の使うそれの差がほとんどなくなってきている。今や素人でも簡単に映像を録画し，パソコンで編集してyoutubeに上げたり，u-streamで流すといったことが可能だ。Wikileaksを含めてこれらの新しいメディアを，従来のメディアとは一線を画すThe fifth estateと呼ぶこともある。

2）*Nature* 438, 900-901, 2005

(4) クラウド型サービスで変わる社会

SNS

ネットワーク上で，友人，職場の同僚，同窓会などさまざまな社会的つながりを実現してくれるのがSNS（Social Networking Service）である。facebook，mixi，linkedinなどさまざまなものがある。その中では，自分が作り上げたつながりをもとに，メッセージや写真を共有したり，情報を交換したりといったことが行える。また，SNSと連動する写真共有サービスやメッセージ交換サービスといったSNSのつながりをもとに，さまざまな情報がやり取りされている。

patientslikeme

クラウド型のサービスが私たちの生活をどのように変える可能性があるかを示す一例を，patientslikemeというサービスにみることができる[3)]。これは，いわば病気に関するSNSと見ることができる。病気にかかった人が，自分の体の状態，医者による治療，投薬の内容などをサイトにアップロードする。すると，さまざまな病気にかかった人がアップロードした情報が蓄積される。その中で，自分と同じ病気にかかっている人が，どういう治療や投薬を受けていて，どういう健康状態にあるかということを知ることができる。これはいわゆるビッグデータと呼ばれる。

現状の医療の世界では，医療従事者や薬を作る側が圧倒的な情報を有していて，患者はほとんど情報を持っていない[4)]。したがって，多くの場合，医者にいわれるままの治療に従っている。しかし，patientslikemeのようなサービスによって情報をオープンにし，みんなと共有することによって，自分と同じ病気の人がどのような治療を受け，結果，どうなったかを知ることができる。

非常にたくさんのデータが集まることによって，統計的にも治験にも

3）https://www.patientslikeme.com/

4）これを情報の非対称性とも呼ぶ。

劣らないくらいの結果を得ることができるかもしれない。あるいは，治験に必要な参加者をここから集めることができる。

このようなサービスは，医療の世界を変える力がある。これまで，どちらかというと医療サービスを提供する側，国や医者や製薬会社が形を決めていた医療というものを，患者中心のものに変える力があるのである。これは，医療に関係する情報をオープン化することによって達成される。

Khan Academy

教育の世界でも，このような変革が起こり始めている。Khan Academy というサイトがある[5)]。ここでは，創始者の一人であるサルマン・カーン氏が，小学校から大学レベルまで，さまざまな授業をビデオの形で提供している。それだけではなく，ビデオはカリキュラムに沿って並べられており，自分の進捗（しんちょく）を一目で確かめることができる。また，先生やコーチは自分の生徒を登録して，その進捗具合，どこかで困っていないか，どこがわかりにくかったかなどをフォローしながら，適切に指導することができる。これらが，すべてウェブを介して行うことができるおかげで，生徒は自分の好きな時間に，好きなペースで，好きなところを学習することができる。わからないところは繰り返し見ることができる。すべての生徒が同じ時間に勉強している必要はなく，先生も，一日の終わりに，各生徒の進捗を確認すればいい。

これによって，教育の方法は逆転したという。すなわち，従来の授業は，各自が家でビデオを見ることによって行われ，学校では，各自が自分に合った宿題を解くことにより，先生はより多くの時間を生徒それぞれに合った指導に割くことができる。いわば，学ぶ側を中心とした学校のあり方に変わっていったのである。

5）https://www.khanacademy.org/

Kickstarter

Kickstarterというサイトでは，映画を作りたい，こういう製品を作りたいというアイデアや企画をビデオで投稿すると，それに賛同する出資者を集めることができる[6)]。締め切りまでに目標金額を集めることができれば，企画を進めることができる，クラウドファンディングという手法である。ただし，ここでのクラウドは，Crowd（集団）であり，Cloud（雲）ではない。kickstarterでは，部品や製品を作るための工場を提供する者まで，協力者も広く集めることができ，これはある種の会社の未来系と考えることもできる。3Dプリンターのように，誰もがアイデアを形にする武器を得た今，最も新しいもの作りの方法である。

3．インターネットの脅威

インターネットを利用することでさまざまな被害にあったり，犯罪に巻き込まれたりすることがある。大きく分けると，あなた自身が加害者になる場合と被害者になる場合がある。しかし，2012年に起きたPC遠隔操作事件や，その顚末（てんまつ）でもわかるように，知らないうちに加害者になることも多いということである。

（1）コンピュータウイルスの脅威

インターネットを利用しているコンピュータやスマートフォン，テレビなどの機器は，常に外部からコンピュータウイルスが入り込む脅威にさらされている。コンピュータウイルスとは，これらの機器に利用者の意図しない行為を引き起こすことを目的にして作られたプログラムであり，それが悪意を持っている場合はマルウェアと呼ばれる。マルウェアは感染した機器のファイルやOSを破壊したり，個人情報などを取得し，それを悪用する。ウイルスと呼ばれるのは，インフルエンザのよう

6）https://www.kickstarter.com/

にいろいろな方法で感染していくからである。コンピュータウイルスは，電子メールの添付ファイルを開いたり，悪意のあるwebページの閲覧や，そこからダウンロードしたプログラムを実行することによって感染する。

通常の電子メールを装うことによって巧みに添付ファイルをクリックさせようとしたり，フィッシングサイトのように通常の安全なサイトをかたってウイルスを感染させようとするなど手口が巧妙になってきており，感染に気がつかないことも多い。ウイルス対策ソフトなどの対策と注意が必要である。

(2) 脅かされるプライバシー

SNSやCGMの普及により，私たちのプライバシーが脅かされる場合も増えてきた。Google street viewというサービスが登場したとき，誰もが，世界中のどこの通りにも，そこに行ったかのように訪れ，体験できるサービスに驚嘆した。しかし，その一方で，自分の家や車があからさまに写っていることに衝撃を覚えた。多くの人がプライバシーが犯されたと考えたのも無理はない。

しかし，元来から自宅や車は付近に住む人や通行する人にとっては秘密でも何でもない。しかし，それがインターネットに公開され，世界中の人が容易に検索可能，閲覧可能であるからこそ，プライバシーの問題となるのである。

SNSによって投稿された写真やメッセージが，友人にだけ公開されるようになっていたとしても，その友人が，そのまた友人に伝えていくことで，思わぬ広がりを持ってしまう。いったん自分のもとを離れてしまった情報は，制御が難しいのである。

(3) 閉じこもるインターネット

もう一つのインターネットの脅威は，便利さと裏腹であり，気がつかない人も多いかもしれない。イーライ・パリサーは著書『閉じこもるインターネット』[7]という本の中で，私たちは，Google や facebook などの推薦サービスのおかげで，自分の興味のある情報，関心のある情報しか受け取らなくなっていると警告している。

これらのサービスは，たとえば，検索を行ったときに，これまでの自分の履歴の中でよく使われる単語などの情報をもとに推定した，自分の好みに合う情報を上位に並べて出してくれる。そのために，自分がめったに使わない単語や事項は検索の上位に現れなくなり，目に触れなくなってくる。知らないうちに自分好みの情報にのみ取り囲まれて，私たちのほうが「フィルターバブル」というアルゴリズムの殻に閉じこもってしまっているのである。彼のメッセージは，その殻を破るのはあなた自身であると結んでいる。

フィルターバブルの提示するもう一つの問題は，プライバシーの問題である。Google など多くのインターネットサービスが，利用者の操作履歴を収集し，分析することで，利用者の嗜好（しこう）をとらえ，それを広告に転嫁することで，利用者は無料でサービスを得ることができる。インターネット以外でも，さまざまなポイントサービスがある。これも，利用者の利用履歴を収集することで，利用者はさまざまなメリットを得る代わりに，サービス提供者は利用者の傾向をとらえて，次の商機につなげていく。私たちは，プライバシーを少しあきらめることで，よりよいサービスを得ることができる。

4. おわりに

クラウドサービスは，世界中を一つのサービスで包み込む。クラウド

7) イーライ・パリサー，井口耕二 訳『閉じこもるインターネット』早川書房，2012年

によるインターネットサービスの一つの特徴は，規模の経済により限界費用を0にしようとすると，できるだけたくさんの顧客に利用されるサービスが望まれるということだ。しかも，ネットワークにつながってさえいれば，実際のサーバーがどの国にあろうと気にしない。したがって，全世界に対して共通単一のサービスを提供することが，最もコストがかからなくなる。つまり，グローバルなサービスが求められるわけだ。実際，検索サービスはそのような側面がある。

しかし，検索サービスといっても，言語の違いによって，あるいは，文化の違いによって異なる処理が必要になる。また，Google street view が世界中で巻き起こした問題のように，プライバシーの概念が国によって異なると，異なる対応が求められる。このようなローカリゼーション（各地域の状況に合わせること）は，やればやるほどシステムを複雑化していくことになり，クラウドのメリットが生かせなくなる。へたをすると，クラウドによりグローバル化していく情報サービスが，さまざまな地域で文化的な衝突を巻き起こすという時代にもなりかねない。

もう一つのあいまいになる境界は，リアルな世界とバーチャルな世界である。クラウドによって拡大する情報サービスは，さまざまなリアル世界の情報を取り込み，集約し，検索可能にしていく。これまでのインターネットに向かって情報を取り出す場面だけでなく，携帯電話を持って移動しているときの移動履歴や家の電力の消費量など，知らないうちにさまざまな情報がクラウドに集約されていく。それらの情報はさまざまなサービスとマッシュアップされ，使われていくといったことも起こりうる。私たちのリアルな世界のプライバシーというものは，なくなってしまうのであろうか。

学習課題

(1) さまざまなCGM，SNSについて調べてみよう。

(2) インターネットで引き起こされるプライバシーの問題について，いろいろな例を挙げてみよう。

13 デジタルコンテンツと著作権

児玉晴男

《学習の目標》 デジタルコンテンツは，どのように創造され，保護され，活用されているのかを，著作権制度との関わりで概観する。また，電子書籍，コンピュータグラフィックスや音楽，映画がどのように創作されて，それらがどのような権利の関係によって保護されているか，そして活用されるときの問題点について考える。

《キーワード》 著作物，著作者人格権，著作権，著作隣接権，デジタル権利管理，補償金制度

1．はじめに

情報社会の中で，通信と放送が連携・融合するデジタル環境下において，情報が情報通信端末で活用されるとき，デジタルコンテンツと著作権の関係を理解しておくことが重要である。ここで，デジタルコンテンツと著作権の関係を理解していくとき，明確にしておかなければならないことがある。

デジタルコンテンツは，著作物のデジタル化・ネットワーク化，マルチメディア，メディアミックスなど，いろいろな表現でいわれてきた。そのデジタルコンテンツの保護は，わが国の著作権制度との関係からいえば，アナログとデジタルとを分ける必要がない。ここでアナログとは，著作物が紙やCD，DVDなど有形的な媒体に納められて流通する形態で，デジタルとは有形的な媒体への固定を必要としない流通の形態といえる。それは，有形的な媒体に固定しなくとも著作物を保護する点

からいえば，わが国の著作権法が著作物として保護する対象は，アナログでもデジタルでもよいことになる。そこで，以下では，特にデジタル形式のコンテンツをいうときにデジタルコンテンツといい，それ以外は単にコンテンツと表記する。

また，わが国で著作権問題というとき，その著作権については，著作権と関連権になる。それは，わが国の著作権法では，著作物としてのコンテンツと著作物を伝達する行為を保護するからである。

本章は，上記のことを考慮して，デジタルコンテンツと著作権の関係について，コンテンツの創造，保護および活用に分けて説明する。

2. デジタルコンテンツの創造

携帯電話端末，電子書籍端末，ネットコンピュータ，ネットテレビなど，コンテンツのインターフェースは多様にある。ここで重要なことは，それらインターフェースによらないデジタルコンテンツの形態にある。

著作権法では，コンテンツは，著作物として保護される。著作物は，思想または感情を創作的に表現したもので，文芸，学術，美術または音楽の範囲に属するものをいう（著作権法 2 条 1 項 1 号）。その著作物は，言語の著作物，音楽の著作物，舞踊または無言劇の著作物，美術の著作物，建築の著作物，図形の著作物，映画の著作物，写真の著作物，プログラムの著作物からなる（同法 10 条 1 項）。

言語の著作物とは，小説，脚本，論文，講演などである。美術の著作物とは，絵画，版画，彫刻などからなる。図形の著作物は，地図または学術的な性質を有する図面，図表，模型などからなる。デジタルコンテンツは，それら著作物の電子化が対象となる。したがって，上記の著作物と映画の著作物，写真の著作物，プログラムの著作物とは，性質が異なっている。なお，プログラムの著作物は，国際的な著作権条約において，文学的著作物（literary works）として定義される。

さらに，著作物は，他の著作物に取り込まれて派生していく形態として，二次的著作物（著作権法11条），編集著作物（同法12条），データベースの著作物（同法12条の2）がある。この中で，データベースの著作物はデジタルコンテンツをいい，編集著作物と区別される。ただし，編集著作物とデータベースの著作物は，国際的な著作権条約において，データの編集物（compilations of data（databases））になり，区別されていない。

そして，「コンテンツの創造，保護及び活用の促進に関する法律」2条では，デジタル形式のコンテンツに関して規定している。この法律において，「コンテンツ」とは，映画，音楽，演劇，文芸，写真，漫画，アニメーション，コンピュータゲームをいい，その他の文字，図形，色彩，音声，動作および映像もしくはこれらを組み合わせたもの，またはこれらにかかる情報でコンピュータを介して提供するためのプログラムを指している。ここで，プログラムとは，コンピュータに対する指令であって，一つの結果を得ることができるように組み合わせたものをいう。上記の例示によるコンテンツは，人間の創造的活動により生み出されるもののうち，教養または娯楽の範囲に属するものをいう。ここで，定義されるコンテンツは，著作権法の著作物である。

デジタルコンテンツとして創造される形態は，単に，PDFで電子化して表示されるものから，音楽や映像が一緒にメディアミックスされたものまでがある。人工的な表現として，音楽や映像は，電子音楽，コンピュータグラフィックス（CG）や3Dによって表現される。それらは，プログラムの著作物になり，視聴覚著作物として音楽の著作物や映画の著作物となることがある。

デジタルコンテンツは，既存のメディアで存在する著作物を電子化することにより形成されるもの，最初から形成されるものの2つの態様からなるだろう。前者の電子化によるものは，たとえば第7章「大学の情報化」で紹介したMIT OCWの中国版の精品課程がある。精品課程は，一つの器の中に演奏曲があり，講義資料として，テキスト，図表，写真，講義映像，さらに論文データが収納されている。これは，電子書籍の一形態といえる。後者の最初から形成されるものは，たとえば初音ミクのようなものである。それは，音声合成・デスクトップミュージック（DTM）ソフトウェアであり，バーチャルアイドルのキャラクターとしての名称にもなっている。そして，そのキャラクターはCGで歌唱する。

上記のようなデジタルコンテンツの創造は，単独と共同および編集された構造を持ち，著作権法で規定される著作物が連携・融合した著作物の構造を持つものになる（図13-1）。そして，それらのすべての要素を有するものが映画の著作物といえるだろう。

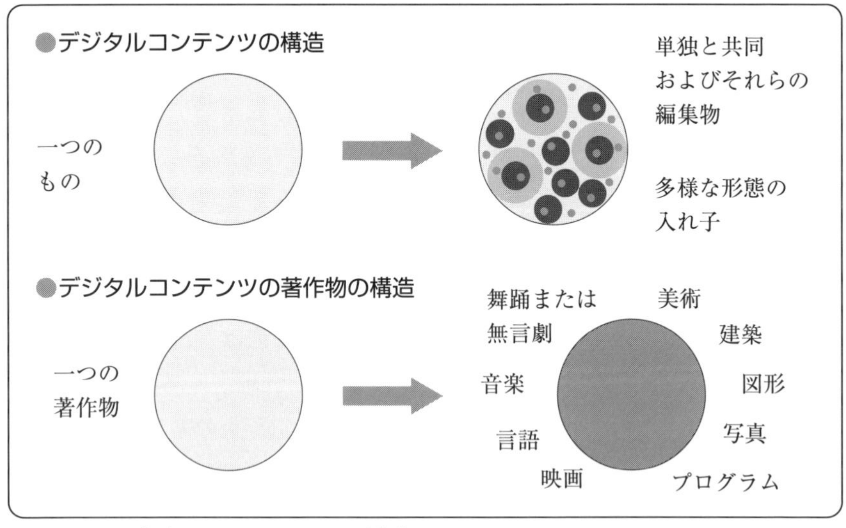

図13-1　デジタルコンテンツの構造

3. デジタルコンテンツの保護

知的財産基本法では，知的財産と知的財産権の定義の中に，それぞれ著作物と著作権が明記されている（知的財産基本法2条1項，2項）。その著作物と著作権を規定するのが著作権法である。しかし，著作権法では，著作物と著作者の権利の保護ならびに実演，レコード，放送および有線放送に関し著作者の権利に隣接する権利の保護が定められている（著作権法1条）。デジタルコンテンツの保護は，知的財産基本法で規定される関係より複雑になる。

（1）著作物としてのコンテンツの保護

著作物を創作する者は，著作者の権利を専有する（著作権法2条1項2号）。この著作者の権利は，著作物を創作した時点で発生する。著作者の権利は，人格的権利である著作者人格権と財産的権利である著作権からなる。そして，著作者人格権は，公表権（著作権法18条），氏名表示権（同法19条），同一性保持権（同法20条）からなっている。公表権は，まだ公表されていないものを公衆に提供し，または提示する権利をいう。氏名表示権は，著作物の原作品に，またはその著作物の公衆への提供もしくは提示に際し，その実名もしくは変名を著作者名として表示し，または著作者名を表示しないこととする権利である。そして，同一性保持権は，著作物およびその題号の同一性を保持する権利をいう。なお，ベルヌ条約では，公表権の規定はない。

著作権は，支分権からなる。すなわち，その支分権は，複製権（著作権法21条），上演権及び演奏権（同法22条），上映権（同法22条の2），公衆送信権等（同法23条），口述権（同法24条），展示権（同法25条），頒布権（同法26条），譲渡権（同法26条の2），貸与権（同法26条の3），翻訳権，翻案権等（同法 27 条），二次的著作物の利用に関する原著作者の権利（同法 28 条）からなっている（表 13 - 1）。公衆送信権等とは，放送権，有線放送権，そして自動公衆送信権になる。デジタル環境下では，複製権と自動公衆送信権との関係が重要となるだろう。

ところで，著作者は自然人であるが，職務著作の特別な場合は法人が著作者となりうる。たとえば，映画製作者が映画の著作物の製作に発意と責任を有する者（著作権法 2 条 1 項 10 号）であるとき，映画の著作物に対して著作者の権利を享有することがある（同法 15 条 1 項）。また，映画の著作物の著作権は，著作者が映画製作者に対し，その映画の著作物の製作に参加することを約束しているときは，その映画製作者に帰属する（同法 29 条）。ここで，デジタルコンテンツは，映画の著作物のように複雑な関係から保護される対象になる。

表 13－1　著作権と著作隣接権の関係

区分	内容
著作権	複製権　上演権　演奏権　上映権　公衆送信権（放送権，有線放送権，自動公衆送信権）　伝達権　口述権　展示権　頒布権　譲渡権　貸与権 二次的著作物の作成に関する権利（翻訳権，編曲権，変形権，翻案権） 二次的著作物の利用に関する権利
著作隣接権	実演家 録音権及び録画権　放送権及び有線放送権　送信可能化権　放送のための固定　放送のための固定物等による放送　商業用レコードの二次使用　譲渡権　貸与権等 レコード製作者 複製権　送信可能化権　商業用レコードの二次使用　譲渡権　貸与権等 放送事業者 複製権　再放送権及び有線放送権　送信可能化権　テレビジョン放送の伝達権 有線放送事業者 複製権　放送権及び再有線放送権　送信可能化権　有線テレビジョン放送の伝達権

著作権の支分権は，著作物であるコンテンツが複製され，その形を保持したまま伝達され，さらにそのコンテンツが新たなコンテンツに取り込まれて創作されていく循環過程を表していよう。

(2) コンテンツを伝達する行為の保護

著作権法では，実演，レコード，放送および有線放送に関し，著作者の権利に隣接する権利，すなわち著作隣接権者の権利の保護が定められている。実演，レコード，放送および有線放送は，コンテンツを伝達する行為である。それらの権利は，著作物を実演したとき，音を物に最初に固定したとき，放送を行ったとき，有線放送を行ったときに，自動的に発生する。

著作隣接権者は，実演家・レコード製作者・放送事業者・有線放送事業者になる。実演家は，俳優，舞踊家，演奏家，歌手その他実演を行う者および実演を指揮し，または演出する者をいう（著作権法2条1項4号)。レコード製作者は，レコードに固定されている音を最初に固定した者をいう（同法2条1項6号)。放送事業者は放送を業として行う者(同法2条1項9号)，有線放送事業者は有線放送を業として行う者（同法2条1項9の3号）になる。デジタル環境下のコンテンツの伝達を想定したとき，自動公衆送信事業者が出現することが考えられる。

なお，発行者である出版者も隣接権者として検討され文化庁の審議会で答申された経緯がある。諸外国の中には，そのような権利が著作隣接権として規定される国がある。しかし，わが国の出版者は，出版権者として，複製権者（同法21条に規定する権利を有する者）の著作物を文書または図画として出版することを引き受ける者にとどまっている（同法79条)。その違いは，デジタル環境下のコンテンツの流通において，留意する必要がある。

著作隣接権者の権利の構造は，実演家を除き，財産的権利（著作隣接権）である（表 13 - 1）。実演家には，人格的権利（実演家人格権）が認められている。実演家人格権は，氏名表示権，同一性保持権からなる（著作権法 90 条の 2，90 条の 3）。そして，著作隣接権は，著作権の支分権の選択的な権利からなる（図 13 - 2）。

デジタルコンテンツの保護は，音楽・映画の著作物の構造やプログラムのような機能をも想定したものになるだろう。そして，その伝達される行為は，有線か無線かという議論を超え，また自動公衆送信（オンデマンド）に対する形態も想定されなければならない。

コンテンツの著作権法による保護は，無方式主義をとっている。無方式主義とは，著作者の権利や著作隣接権者の権利の享有に，登録，作品の納入，著作権の表示などのいかなる方式も必要がないという原則である。ただし，著作物が著作権による保護を受けるためには，Ⓒ表示や登録という方式的な要件が必要であるとする方式主義をとる国もある。わが国も，プログラムの著作物の保護については，「プログラムの著作物に係る登録の特例に関する法律」による登録制度がある。

財産的権利

・著作物の **複製** に関する権利

・著作物の **伝達** に関する権利

・著作物の **派生** に関する権利

人格的権利
著作者と実演家

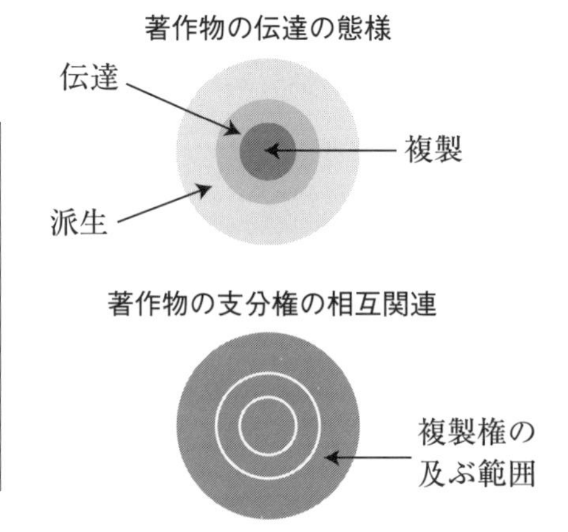

著作隣接権 は **著作権の支分権** の有形的媒体への固定の態様に対応

図 13 - 2　デジタルコンテンツの保護に関する人格的権利と財産的権利の関係

なお，上記のコンテンツの保護は，「文学的及び美術的著作物の保護に関する1886年9月9日のベルヌ条約」，「ローマ条約（実演家，レコード製作者及び放送事業者の保護に関する国際条約）」の規定に準拠している。また，世界知的所有権機関（World Intellectual Property Organization : WIPO）による「著作権に関する世界知的所有権機関条約（WIPO Copyright Treaty）」で，コンピュータプログラム，データの編集物，著作物のデジタル送信，技術的措置の回避，電子的権利管理情報の改竄（かいざん）が規定され，「実演及びレコードに関する世界知的所有権機関条約（WIPO Performances and Phonograms Treaty）」で，実演家人格権，固定されていない実演に関する放送権など，アップロード権が規定されている。なお，「放送機関の保護に関する世界知的所有権機関条約案」で，ウェブキャスティングの検討がなされている。

4．デジタルコンテンツの活用

デジタルコンテンツの活用には，2つの世界がある。第一は権利の保護の世界で，コンテンツを利用するためには，権利者の許諾と利用料が必要になる。第二は権利の制限の世界で，コンテンツを使用するうえで，権利者の許諾と利用料は必要とされない。ただし，デジタル環境下では，補償金の支払いと使用にあたって通知することが必要となっている。

創造されたデジタルコンテンツは，著作者がすべてのコンテンツをオリジナルとして著作したのではなく，公表された著作物を利用し使用して創造されたものである。ここで，コンテンツの利用とは権利の保護の領域で行われる行為であり，コンテンツの使用とは権利の制限の領域で行われる行為とする。

(1) コンテンツの利用――権利の保護の世界

著作者の権利や著作隣接権者の権利は，それら権利者自身が管理すべきものである。しかし，著作者は個人であることもあり，関連組織が管理することに実効性が伴うことがある。それが，著作権等管理事業法で規定される著作権等管理事業者である。

著作権等管理事業法は，著作権および著作隣接権の管理を委託する者を保護するとともに，著作物，実演，レコード，放送および有線放送の利用を円滑にし，もって文化の発展に寄与することを目的とする（著作権等管理事業法1条)。著作権等管理事業法は，著作権および著作隣接権を管理する事業を行う者について登録制度を実施し，管理委託契約約款および使用料規程の届け出および公示を義務づけるなど，その業務の

表13－2　著作権等管理事業者の例示

名称	分類
一般社団法人日本音楽著作権協会	音楽の著作物
株式会社イーライセンス	音楽の著作物　レコード
公益社団法人日本複写権センター	言語の著作物　美術の著作物　図形の著作物　写真の著作物　音楽の著作物　舞踊又は無言劇の著作物　プログラムの著作物　編集著作物
株式会社ジャパン・ライツ・クリアランス	音楽の著作物　レコード
一般社団法人日本レコード協会	レコード
株式会社ジャパン・デジタル・コンテンツ	音楽の著作物　レコード
一般社団法人学術著作権協会	言語の著作物　図形の著作物　写真の著作物　プログラムの著作物　編集著作物
一般社団法人私立大学情報教育協会	言語の著作物　音楽の著作物　美術の著作物　図形の著作物　映画の著作物　写真の著作物　プログラムの著作物　編集著作物　データベースの著作物
一般社団法人日本出版著作権協会	言語の著作物　写真の著作物　図形の著作物　美術の著作物

（http://www.bunka.go.jp/ejigyou/script/ipzenframe.asp から一部抜粋）

適正な運営を確保するための措置を講ずることを求めている。ここで，「著作権等管理事業」とは，管理委託契約に基づき著作物などの利用の許諾，その他の著作権などの管理を行う行為であって，業として行う者をいう。「著作権等管理事業者」とは，登録を受けて著作権等管理事業を行う者をいう（表13‐2）。

著作権等管理事業者が管理できる権利は，財産的権利（著作権，出版権，著作隣接権）である。人格的権利である著作者人格権と実演家人格権は，対象外である。なぜならば，人格的権利は，著作者と実演家の一身に専属し，譲渡できないからである。デジタル権利管理（Digital Rights Management：DRM）においては，デジタルコンテンツの権利（Rights）の対象はコンテンツの財産的権利にあり，コンテンツの人格的権利との関係は想定されていない。コンテンツのデジタル環境下のDRMを考えるとき，その権利（Rights）は，copyrightsと著作者の権利・著作隣接権者の権利の対応として，わが国においては，著作権だけではなく，著作者人格権，出版権，実演家人格権，著作隣接権についても総合的にとらえておく必要がある。

（2）コンテンツの使用――権利の制限の世界

学会，国立国会図書館や検索会社まで，電子図書館に関する構想がある。それらは，デジタル環境下でコンテンツを活用できる環境を提供するものである。ただし，その中には，権利の制限の世界で提供されるものではなく，権利の保護の世界で提供されるものもある。

デジタル形式かアナログ形式かは，コンテンツの利用において違いがない。ただし，コンテンツの使用，すなわち権利の制限の世界においては違いが出てくる。私的目的の複製は，権利の制限において，権利者の許諾や利用料も伴わずに，コンテンツは使用できる。ただし，使用にあたっては，営利性や権利者への不利益を考慮しなければならない。それが顕著に出るのがデジタル録音・録画機器でコンテンツを複製するときであり，補償金制度が関わってくる。たとえばダビング10は，複製できる回数の制限による権利者への不利益を考慮した調整である。

この補償金制度は，権利の制限の世界におけるコンテンツの使用料と呼びうる。デジタル環境下で映像を見ることができて音楽を聴けるのも，この制度が関係している。使用者が直接に手続きをしなくとも，実質的に，補償金として使用料を支払っていることになる。

このように，権利の制限の世界では，著作者（発行者）への通知（著作権法33条2項，33条の2第2項，34条2項）や，補償金の支払い（同法30条2項，33条2項，33条の2第2項，34条2項，36条2項，38条5項）が必要になることがある。それらは，権利の保護と制限における許諾と通知，利用料と補償金という区分けになる。それらの関係は，使用者が直接に行うかどうかの違いはあるが，実質的に権利者の了解と利用料の支払いになる。情報社会において，権利の保護と権利の制限との垣根は低くなっている。なお，著作権の制限と同様に，著作隣接権の制限も規定されている（同法102条）。

ここで注意しなければならないことは，上記の権利の制限は，著作者人格権と実演家人格権との関係には影響を及ぼすことはなく，それらは別に考慮されなければならない点である（著作権法50条，102条の2）。また，米英のフェアユースの法理やフェアディーリングの法理および権利の制限との関係である。前者は，人間が創作したものは，コモンズとして共有されるべきものであり，有形的な媒体への固定，すなわち書いたもの（writings）を例外的に保護するという考え方である。後者は，人間の創作という感情の発露に対して保護するという考え方である。それらの理解のしかたは，本質的に異なる。したがって，オープンソースやオープンコンテンツのとらえ方は，背景に正反対とみなせる考え方があることを考慮すべきである。それは，たとえばGoogleの電子図書館構想に関する対応にみられる。

デジタル環境下では，デジタルコンテンツにアクセスし，コピーできるのは，権利の保護と権利の制限のどちらの世界で行っているのかを知っておく必要がある。デジタルコンテンツが合理的に活用されるためには，権利の保護と権利の制限ともに権利処理が必要になる。そして，その権利処理は，権利の保護と権利の制限を人格的権利も考慮して全体的に判断する必要がある。

5．おわりに

デジタルコンテンツの創造，保護および活用に関する「著作権法」と「著作権等管理事業法」は，法理が異なる。さらに，「コンテンツの創造，保護及び活用の促進に関する法律」は，エンターテイメントコンテンツを主としており，著作権法の著作物とは，観点が異なる。わが国において，コンテンツの創造，保護および活用において，あたかも3つの法理があることになる（図13 - 3）。したがって，デジタルコンテンツの権利関係に関しては，それらに整合性が与えられる必要がある。

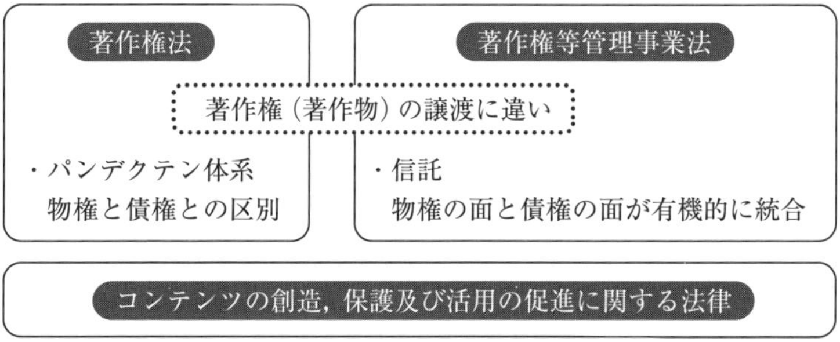

図13－3　わが国のデジタルコンテンツの創造，保護および活用に関する3つの法理

コンテンツの創造，保護および活用の促進とは，著作物が複製，伝達(送信)，変異（派生）という３つの形態で，権利の保護の世界と権利の制限の世界で循環することにより，文化の発展に寄与するコンテンツが「進化」する過程になろう。

引用・参考文献

(1) 斉藤 博『著作権法』有斐閣，2000 年
(2) 作花文雄・吉田大輔『著作権法概論』（改訂版）放送大学教育振興会，2010 年
(3) 児玉晴男「わが国の著作権制度における権利管理」『情報管理』Vol. 57，No. 2，pp. 109-119，科学技術振興機構，2014 年
(4) 知的財産推進計画（http://www.kantei.go.jp/jp/singi/titeki2/2010chizaisuisin_plan.pdf）
(5)『文化審議会著作権分科会報告書』(http://www.bunka.go.jp/chosakuken/pdf/21_houkaisei_houkokusho.pdf)
(6) 著作権法（http://www.cric.or.jp/db/article/a1.html）
(7) コンテンツの創造，保護及び活用の促進に関する法律（http://www.soumu.go.jp/menu_seisaku/ict/u-japan/index.html）
(8) 著作権等管理事業法（http://law.e-gov.go.jp/htmldata/H12/H12HO131.html）

学習課題

(1) 著作権法，コンテンツの創造，保護及び活用の促進に関する法律，著作権等管理事業法で，それぞれデジタルコンテンツの創造，保護および活用が規定されているかを調べてみよう。
(2) Ⓒ表示の意味を調べてみよう。
(3) インターネットを介してコンテンツを使用するとき，補償金制度がどのように関わっているかを調べてみよう。

14 情報倫理と知的財産

児玉晴男

《学習の目標》 印刷技術と情報通信技術との対比から，情報社会におけるメディア環境を理解する。そして，保護される情報の性質について，情報倫理と知的財産の関係から考える。さらに，情報社会における社会文化的な多様性が持続されるための情報の性質を理解する。
《キーワード》 知的財産権，コモンズ，アクセス，プライバシー，倫理綱領

1．はじめに

情報通信技術（ICT）と社会の施策について，ネットワーク基盤の整備への対応が叫ばれ，知的財産権保護への対応がいわれ，情報セキュリティ技術の開発・プライバシーの保護への対応が必要とされる。それらは，順次，情報政策の循環する主要なテーマになっている。

また，安全で安心な情報流通は，プライバシー，情報セキュリティ，知的財産権，情報倫理により確保されるとする。ここで，プライバシーとは，個人情報の保護，プライバシーの確保，適正な撮影の確保をいう。情報セキュリティとは，ネットワークの安全確保，不適切な利用の回避になる。知的財産権は，著作権等の保護，技術による権利保護にある。情報倫理は，情報倫理の確立，違法・有害コンテンツなどの回避，科学技術倫理，コンテンツ制作者の倫理になる。

本章は，情報倫理と知的財産権に焦点を当てて，それらの関連で対象になる情報の性質について，情報社会における社会文化的な多様性の持

続の観点から考える。

2．メディア環境――オラリティとリテラシー

情報通信技術は，印刷技術と対比される。ここで，印刷技術は，著作者や著作権制度の概念を確立したという。したがって，情報通信技術による仮想世界と印刷技術による現実世界との対比では，創作者や創作物のとらえ方が転換され，自由な情報の活用を促進するという見方が示されていた。

メディア論の観点からは，上記の対比は，次のようなとらえ方がなされている。ウォルター・J・オングは，メディアと文化の関係から，口頭伝承の時代の文化を一次的なオラリティと呼び，書くこと（筆写術）および印刷の時代の文化をリテラシーといい，エレクトロニクスの時代を二次的なオラリティと表現している。つまり，エレクトロニクスの時代と口頭伝承の時代を類似のメディア環境とみなしている。そして，マーシャル・マクルーハンは，生態学的アプローチから，機械的技術と電気的技術から対比する。また，マーク・ポスターは，言語論的アプローチから，印刷技術の生産様式と対比して，情報通信技術は情報様式になるという。

ところで，メディア環境の転換は，著作者や著作権法を不要な概念とみなしていた。ところが，その見方と異なり，情報通信技術の発展とともに，わが国では，21 世紀に入り知的財産の保護の施策が国策として進められている。知的財産戦略大綱が決定され，知的財産基本法が施行され，知的財産戦略本部が設置され，2003 年から毎年，知的財産推進計画が公表されている。

メディア環境は，現実世界と仮想世界とが錯綜（さくそう）した様相を呈している。それは，情報メディア環境が印刷メディア環境を内包して，情報リテラ

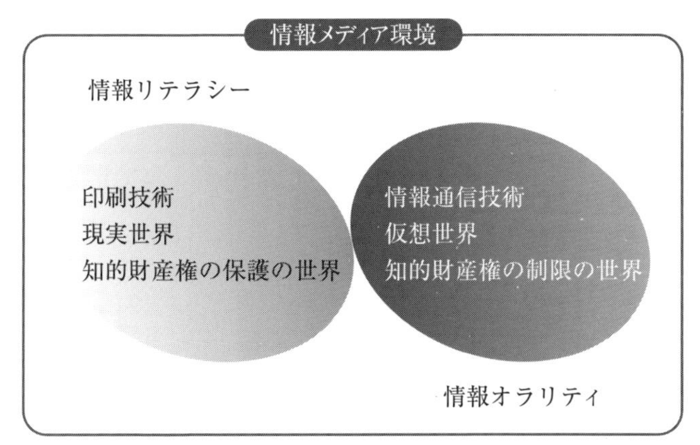

図14－1　情報メディア環境の情報リテラシーと情報オラリティ

シーと情報オラリティの2つの要素を含むことによるだろう（図14-1)。前者は現実世界のデジタル化がもたらしたものであり，後者は仮想世界になる。それらは，それぞれ知的財産権の保護の世界と知的財産権の制限の世界に対応づけられるだろう。

その見方によれば，2ちゃんねるやTwitter，ニコニコ動画やYouTubeという情報オラリティにおいて，copyleftやネチケットという一種の情報モラルが必要となるだろう。他方，情報リテラシーにおいて，知的財産権保護の問題が派生する。メディア環境の錯綜は，生態学的アプローチによれば，新しいメディアという器を古い内容で満たしていることによって生じているといえるだろう。

3．情報通信技術の進展と知的財産

情報通信技術は，半導体チップの特別立法による保護，コンピュータプログラムやデータベースの著作物としての保護という，知的財産の多様な保護形態への契機を与えたといってよい。この一連の流れは，知的財産権の保護の面を促進させていき，半面，従来，パブリックドメインとみなされてきた科学の発見，定理，技術標準といったものが知的財産権のカテゴリーと交錯している。

情報技術に関する政策提言では，1990年代に「高度情報化プログラム」（通商産業省〈現在，経済産業省〉産業構造審議会情報産業部会）の報告書，マルチメディア社会の構築に向けた光ファイバー網の整備のあり方に関する「21世紀の知的社会への改革に向けて－情報通信基盤整備プログラム－」（郵政省〈現在，総務省〉の電気通信審議会）の答申があった。また，「今後のソフトウェア政策に関する基本的な考え方」（通商産業省〈現在，経済産業省〉産業構造審議会情報産業部会）の報告書では，デジタル化に適合した知的財産権制度の見直しを指摘している。

法制度改革に関しての提言は，「著作権審議会第9小委員会（コンピュータ創作物関係）報告書」と「著作権審議会マルチメディア小委員会第一次報告書－マルチメディア・ソフトの素材として利用される著作物に係る権利処理を中心として－」が出された。さらに，「Exposure（公開草案）'94－マルチメディアを巡る新たな知的財産ルールの提唱－」（(財）知的財産研究所)，「著作権審議会マルチメディア小委員会ワーキング・グループ検討経過報告－マルチメディアに係る制度上の問題について－」により，法制度の改正の検討がなされた。それらの提言が，21世紀に入って計画される「e-Japan戦略」，「u-Japan政策」，「新たな情報通信技術戦略」において，同様な内容の検討が繰り返されている。

ここで，情報通信技術に関わる知的財産権の保護とパブリックドメインに関する課題としてIBM産業スパイ事件があり，その事件は次のような経緯による。IBMがコンピュータ市場において圧倒的に優位な状況にあったとき，IBM製コンピュータのオペレーティングシステム

(OS) はパブリックドメインであることを公表されていた。しかし，IBMの汎用コンピュータのOSは，著作権法で保護される対象であると主張するに至った。コンピュータ分野において，OSの公開は，ただちに互換性のあるコンピュータを他企業に生産されてしまうことを意味する。したがって，技術的な優位性の相対的な低下は，ノウハウのパブリックドメイン化による販売戦略より，権利化による保護政策を企業戦略上とらざるをえなくなる。

ところで，知的財産権は，15世紀以来，法的評価が加えられ続けてきた。一方，科学者の発見という高度な研究業績に与えられる先取権 (priority) は，科学者の名誉としての証しであり，従来，知的財産権法における財産的な評価の対象とはなっていなかった。なぜならば，科学者は，一つの定理，結果，事例，症例群に名を与えるエポネミーしか有していないとみなされていたからである。したがって，先取権と知的財産権とは，現実的な連結点を有することはなかった。

科学は，常に科学者の倫理を逸脱しさえする激しい競争を伴う。ジョン・ザイマンは，典型的なR&D組織における研究者の経歴を支配する原理をPLACE (Proprietary, Local, Authoritarian, Commissioned and Expert) で包括的にとらえている。しかし，上で区分けされたアカデミックなエトスとコーポラティスム (協調主義) とは調和させることはできないという。基礎科学は，現在，総じて潜在的に応用と切り離しえない。この観点から，すべての新たな科学的な情報は，知的財産とみなすことができる。この現象は，科学の先取権の領域から技術の特許権の領域へと価値評価が移っている。

上記の流れの中で，IBMは，ノキア，ピツニーボウズ，ソニーと協力して，エコ・パテントコモンズ (Eco-Patent Commons) を設立した。それは，オープンイノベーションの一方策として特許を開放するもので

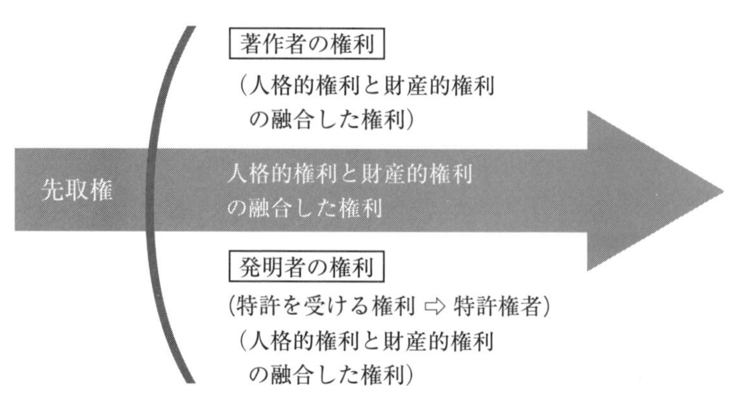

図 14－2　知的財産権法における創作者の権利の関係

あり，環境保全に効果をもたらす製造，ビジネスプロセスの革新手法が含まれている。エコ・パテントコモンズは，クリエイティブ・コモンズ（Creative Commons）と理念をともにしている。それらは，著作権法と産業財産権法におけるオープン化になる。ここで，ソフトウェアが著作物として，また発明として保護される可能性があることに着目すれば，著作権法と産業財産権法の権利の関係の整合性を図ることが必要である。それは，創作者としての著作者と発明者の権利の構造を，人格的権利と財産的権利で対応づけることになる（図 14 - 2）。

4．情報社会の倫理

情報通信技術が描く仮想世界を，サイバースペースと呼ぶことがある。サイバースペースは，ウィリアム・ギブスンが *Neuromancer*（1984年）で表現した世界であり，主に企業または軍隊にとどまるものであり，情報管理社会を連想させるものである。また，ジャン・ボードリヤールは，現実世界の出来事がテレビゲーム感覚でとらえられる現象をハイパーリアルと表現している。ここで，情報通信技術が描くサイバースペースやハイパーリアルは，それらを形作るコンピュータ，プログラミング言語，情報ネットワークの開発目的の経緯と同様に，情報社会の影の面を含んでいる。

そして，情報通信技術の進展による技術的開発物は，その技術的な評価と技術的開発物の活用による社会的な評価とが二分されることがある。たとえばWinny（ウィニー）は，ファイル共有ソフトウェアとしては優れた内容を有しているが，Winnyによるファイルなどの漏洩（ろうえい）は社会的な問題を生じさせた。その問題は，Winny開発者だけではなくWinny利用者に対しても，情報社会の倫理に関して問われることになる。また，Googleマップのストリートビュー（SV）による肖像権の侵害問題がある。SVに写り込まれてしまった道を歩く人や，個人の住宅の表札，車のナンバープレートがプライバシーや肖像権の侵害を問われるものになる。そのような問題は，情報倫理学（コンピュータ倫理学）によって検討される必要があるだろう。

（1）情報倫理

情報通信の発達・普及は，情報の公開の社会的な要求と，プライバシーの保護の個人的な要求との相反する価値の評価を促し，それらの均衡を図らなければならないことになる。ここで，倫理（ethics），道徳（morality）は，規範や道徳的な根拠をいう。

倫理に関して，西洋ではエチカが想起され，東洋では論語が根底にあるだろう。そして，わが国の和辻（哲郎）倫理学では，仏教思想，儒教思想，神道思想，国学から物語や民話までを対象とする。すなわち，倫理観には，多様性がある。したがって，情報倫理は，各国の社会文化的な多様性の持続の観点を考慮することが大切である。

ところで，学協会に倫理綱領がある。電子情報通信学会倫理綱領は，他者の権利には，所有の権利，プライバシーの権利などが含まれるとある。情報処理学会倫理綱領は，他者の人格とプライバシーを尊重し，他者の知的財産権と知的成果を尊重し，情報システムや通信ネットワークの運用規則を遵守(じゅんしゅ)し，社会における文化の多様性に配慮すると明記する。電気学会倫理綱領は，持続可能な社会の構築を目指して，他者の生命，財産，名誉，プライバシーを尊重し，他者の知的財産権と知的成果を尊重するとある。

上記のことから，情報倫理の中で対象となる人権の保護，プライバシーの確保，そして知的財産権との関係から，それらに共通する社会文化的な多様性を持続するための情報の性質について考える。

（２）アクセス権とプライバシー権――情報公開法と個人情報保護法

アクセス権の概念は，多様であり，私法的な意味においては，資本主義の発展に伴って強大化したマスメディアの持つ大量の情報の，独占化・集中化に対抗する構造から発生してきたものとされている。そして，マスメディアの性格は，すべての人々が同時にそれに関与し参加するという質的な密度の高さに重きがある。他方，公法的な意味では，行政機関が保有する情報に対して，国民または住民が要求できるアクセス権がある。それとともに，情報通信の普及は，プライバシー保護の意識を高めたことになる。アクセス権とプライバシー権に関わる情報は，それぞれ情報公開法と個人情報保護法によって保護される。

情報公開法は，国などの公の機関（すべての行政機関）が自らの業務上の情報（記録など）を広く一般に開示することを目的とする。情報公開法は，行政機関である国，独立行政法人，地方公共団体の説明責任（accountability）として，情報公開を行うものである。対象となる文書（行政文書，法人文書）は，開示請求が可能であり，開示請求があった場合は，不開示情報を除いて，原則として開示しなければならない。その不開示情報の中に，個人情報がある。

個人に関する情報を保護する目的は，個人の正当な権利の保護にあり，個人情報の中核的な部分はプライバシーである。ここで人格的権利は，プライバシー権としていわれる。個人情報は，情報主体に同意を持って収集された情報であれば，生年月日・氏名が明示され，同一性が適切に保たれていることの保証，すなわち個人情報の流れを管理できるならば，公開されることが前提になる。ここで，個人情報としての肖像権は，プライバシー権とパブリシティ権が融合した権利といえる。ただし，前者は一般人でもいわゆる有名人でも一律に認められるが，公人には前者については制約があり，後者は有名人に認められる権利といえる。ここに，肖像権は，本来，ある個人に等しく存在するといえるが，その財産的権利と人格的権利との関係からは，非対称に適用される権利といえる。個人情報としての遺伝子情報も，人格的権利と財産的権利からなるといえる。

情報公開法は，著作権法と抵触する。それは，不開示情報である個人情報に関する著作者の人格的権利の制限および著作物に対する財産的権

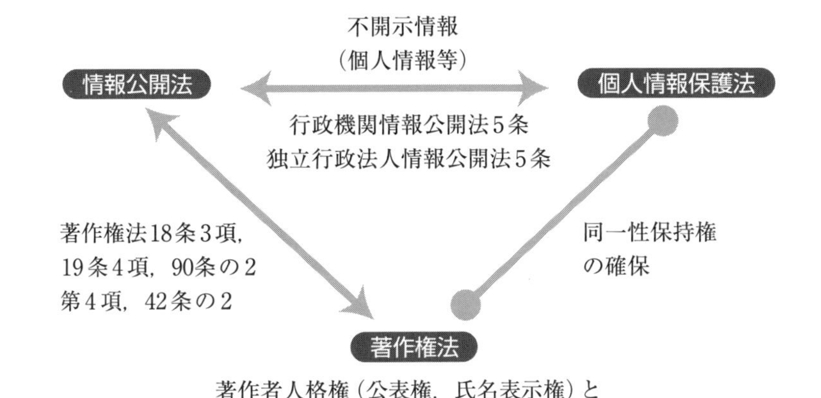

図 14－3　情報の権利の構造

利である著作権の制限の関係になる（図 14 - 3）。情報公開法は，非公表の著作物に関しては公表権と氏名表示権を制限し，著作物の伝達に関しては氏名表示権を制限している。また，実演家人格権は，氏名表示権が認められている。

ところで，著作者人格権の中で同一性保持権は，情報公開法と著作権法との抵触の対象となっていない。すなわち，人格的権利においては，情報を公開し，その情報の氏名表示に関する権利は情報公開において制限を受けるが，情報の同一性の維持に関する権利は制限されないことになる。すなわち，人格的権利の制限においては，公表に関する権利と氏名の表示に関する権利が同一性の保持に関する権利とは人格的な価値の評価が異なっている。それは，個人情報保護法の OECD プライバシー 8 原則と著作権法の同一性保持権とが，情報の同一性の保持を確保するうえで共通性を持つことによるだろう（図 14 - 3）。

なお，個人情報は，生存者に限定されている。ただし，死者への虚偽の事実の摘示による名誉棄損や著作者などの死亡した後における著作者などの意を害する行為による人格的な利益の保護に関しては，死者も含むことになる。それら見解の相違は，著作した者と著作された物の関係と同様に，個人情報を有する者に対する人格的な利益と個人情報が化体した物に対する人格的な価値に対応していよう。個人情報の公表に関す

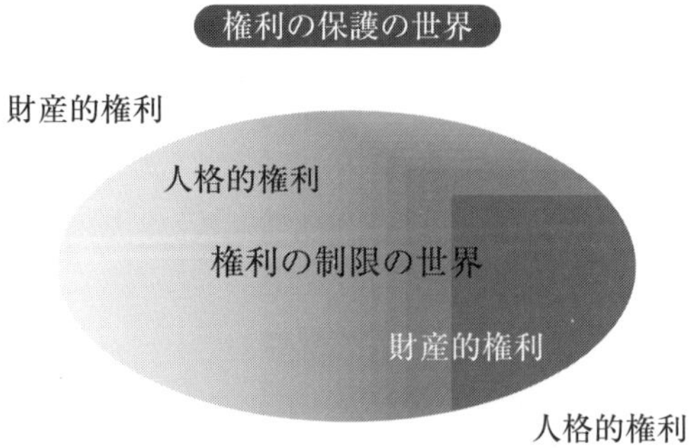

図 14－4　情報の権利の保護と制限の関係

る人格的権利は，公表を前提にした性質を有している著作物から，個人情報や肖像のように公表から非公表へと公開性が低下していき，非公表を前提にした遺伝子情報へ遷移するものになる。

したがって，個人情報における人格的権利の性質は，公表権，氏名表示権，同一性保持権との関係から考慮されるものといえる。さらに，個人情報において著作物や肖像においても，それら情報は財産的権利と一体不可分の関係がある。一般に，情報は，人格的権利と財産的権利との連携・融合から考慮されるべき性質を有する。ここに，情報の開示に関する課題は，不開示情報である個人情報に関する人格的権利の保護と制限および財産的権利の保護と制限との対応関係から解決されるべき対象といえる（図14 - 4）。

5．おわりに

情報通信技術の発達・普及の過程で，著作権・知的財産権保護の問題と情報セキュリティ・プライバシーの問題への対応が相互に現れてくる。その問題の対象が情報倫理と知的財産になる。その情報に対する権利の構造は，人格的権利と財産的権利からなっている。

したがって，情報倫理と知的財産に関する課題は，情報社会における社会文化的な多様性を持続するための対応であり，その対応は情報の人格的権利の保護と制限および情報の財産的権利の保護と制限の相互の関係から解決されるものといえるだろう。

この関係の中で，情報の同一性の保持は，情報を保有する各個人に対して等しく確保されなければならない。そして，そのような情報の同一性が保持されること，その同一性が保持された情報が伝達されること（逆に，伝達されないことを含む）が，情報社会における社会文化的な多様性を持続するための要件となるだろう。

引用・参考文献

(1) Eisenstein, Elizabeth L., *The Printing Revolution in early modern Europe* (1983), E・L・アイゼンステイン，別宮貞徳 監訳『印刷革命』みすず書房，1987 年
(2) Ong, Walter Jackson, *Orality and Literacy : The Technologizing of the Word* (1982)，ウォルター・J・オング，桜井直文・林 正寛・糟谷啓介 訳『声の文化と文字の文化』藤原書店，1991 年
(3) McLuhan, Marshall, *The Gutenberg Galaxy : The Making of Typographic Man* (1962)，マーシャル・マクルーハン，森 常治 訳『グーテンベルクの銀河系——活字人間の形成』みすず書房，1986 年
(4) Poster, Mark, *The Mode of Information* (1990)，マーク・ポスター，室井 尚・吉岡 洋 訳『情報様式論——ポスト構造主義の社会理論』岩波書店，1991 年
(5) Bolter, Jay David, *Writing Space : The Computer, Hypertext, and the History of Writing* (1991)，ジェイ・デイヴィド・ボルター，黒崎政男・下野正俊・伊古田 理 訳『ライティングスペース——電子テキスト時代のエクリチュール』産業図書，1994 年
(6) 知的財産［資料集］(http://www.ipr.go.jp/suishin.html#1)
(7) Ziman, J., *Prometheus Bound : Science in a Dynamic. Steady State* (1994)，ジョン・ザイマン，村上陽一郎・川崎 勝・三宅 苞 訳『縛られたプロメテウス——動的定常状態における科学』シュプリンガー・フェアラーク東京，1995 年
(8) エコ・パテントコモンズ (http://www.wbcsd.org/templates/TemplateWBCSD5/layout.asp?type=p&MenuId=MTQ3NQ&doOpen=1&ClickMenu=LeftMenu)
(9) 情報公開制度　http://www.soumu.go.jp/main_sosiki/gyoukan/kanri/jyohokokai/index.html
(10) 個人情報の保護に関する法律（個人情報保護法）(http://www.kantei.go.jp/jp/it/privacy/houseika/hourituan/)

学習課題

(1) 知的財産推進計画の推移の状況を調べてみよう。

(2) 知的財産，プライバシーに関する判例を最高裁判所の判例検索システム（http://www.courts.go.jp/search/jhsp0010?action_id=first&hanreiSrchKbn=01）を使って調べてみよう。

(3) 国内外の学協会の倫理綱領を調べてみよう。

15 持続可能な情報社会を目指して

児玉晴男

《学習の目標》 技術，政策，制度，経済，文化，国際関係などの分析に基づくそれぞれの価値観から，進化する情報社会の光と影を超えて，情報通信技術，情報通信政策，情報通信法制と地球環境との関わりを総合し，持続可能な情報社会を展望する。
《キーワード》 持続可能性，地球環境，グリーンIT，新たな情報通信技術戦略，情報通信法

1．はじめに

情報通信技術（ICT）が破壊し淘汰(とうた)しつつある対象として，地球環境がある。その破壊は，情報産業によって製造され，その情報機器を利活用するうえで消費される資源・エネルギーとその排出される物質による。しかし，地球環境問題の解決は，科学技術の進歩や経済成長が要件となっている。それらによって，持続可能な発展（sustainable development）が行われる持続可能性（sustainability）のある地球環境が求められていよう。

ここで，情報通信ネットワークによるグローバル化は，地球環境との親和性を持っている。たとえば，マーシャル・マクルーハンは，電子メディアの実現するグローバルビレッジ（地球村）を理想郷と予言している。また，情報スーパーハイウェイなど地球的規模の情報基盤の政策を主導したアル・ゴアは，『不都合な真実』（*An Inconvenient Truth*）のド

キュメンタリー映画によって紹介されているように，スライド講演により地球温暖化問題に対して熱心に取り組んでいる。

ところで，持続可能な発展の始原は，わが国の提案によって国際連合の「環境と開発に関する世界委員会」が設けられたことによる。その委員会が1987年に発行した報告書“Our Common Future”（邦題「地球の未来を守るために」）において，持続可能な発展が中心的な理念となっている。

持続可能な情報社会を目指すためには，どのような情報技術（情報通信技術），情報通信政策，情報通信法制が求められるのかを地球環境問題との関わりから概観する。

2. グリーンIT

科学技術の進歩や経済成長が地球環境問題を招いたという見方がある一方で，科学技術の進歩や経済成長は地球環境問題を実際に解決していくうえの前提条件にもなっている。それらは，二面的で相反する価値評価を内包している。地球環境問題を解決していくための条件としては，情報技術（情報通信技術；ICT）による省資源・エネルギーへの貢献が求められている。

グリーンIT（Green computing）は，地球環境への配慮（Green）の思想を情報技術（Information Technology : IT）に適用した思想のことである。ここで，地球環境に配慮する情報技術の適用としては，2つのアプローチがあるだろう。想定されるグリーンITの適用の一つは，CO_2（二酸化炭素）の削減などのエネルギーの省力化に寄与する技術開発にある。もう一つは，情報社会を形作る情報機器に使用される資源のリサイクルに寄与する技術開発にある。前者は地球環境への配慮の直接的な対応になり，後者は間接的な対応になるだろう。

（1）エネルギーの省力化に貢献する技術開発

情報機器に使用されるエネルギーの省力化の対応としては，「地球温暖化問題への対応に向けたICT政策に関する研究会報告書」（総務省）では，情報技術の利活用によるCO_2の排出削減効果や低炭素社会の実現を掲げる。利用頻度が著しく低いアーカイブデータについては，光ディスクなどの消費電力が少ない保存方法に変更することを例示する。そして，エネルギーの流れの情報化により電力の消費と供給をマネジメントするシステムの研究開発や，ネットワークのオール光化や情報通信機器の省エネルギー化などの研究開発の推進を提言する。

また，情報通信技術による地球温暖化関連情報の収集・分析，センサーネットワーク，リモートセンシング，全地球測位システム（Global Positioning System : GPS）による位置情報把握などの技術を活用することで，自然環境を包括的にカバーする地球環境観測システムの構築が可能となる。このシステムは，温室効果ガス削減や吸収源対策，京都メカニズムなどの環境対策の効果を検証していくうえでも重要な役割を果たすと考えられている。そして，リモートセンシング技術による環境計測や地球シミュレータによる環境予測が環境対策に有用としている。

（2）資源のリサイクルに寄与する技術開発

情報機器に使用されるエネルギー・資源の省力化の対応には，次のようなことが考えられる。情報機器には，金，コバルト，モリブデンなど有用な資源（レアメタルなど）が含まれる。また，レアメタルの中のレアアース（希土類）は，ハイテク製品に不可欠な自然資源である。たとえば，『レアメタルハンドブック 2010』（石油天然ガス・金属鉱物資源機構）によれば，ネオジムは家電製品に，サマリウムは光ファイバー，テレビウムは光磁気ディスクに用いられる。レアメタルやレアアースがなければ，情報機器の製造が制約され，情報世界が描けないことになる。したがって，レアメタルやレアアースの安定的な確保は国際関係の問題であり，それら自然資源の有効活用が求められる。

情報機器が廃棄処分されるとき，その中に含まれる有用な資源を回収することは，地球環境の保全や省資源・エネルギーの観点からも有効である。情報機器に含まれるレアメタルなどを回収することは，自然資源が鉱山から採掘されることを模して，都市鉱山（urban mine）と呼ばれている。都市鉱山は，都市でごみとして大量に廃棄される家電製品などの中に存在する有用な資源（レアメタルなど）を鉱山に見立てたものである。そこから資源を再生し，有効活用しようというリサイクルの一環となる。この技術開発は，環境技術に対して情報技術（情報通信技術）が寄与しうる対象である。

3．新たな情報通信技術戦略

地球環境と情報通信政策が掲げる共通するテーマは，低炭素社会の構築にある。そのための技術開発が提案されているが，その観点は環境技術と情報通信技術との連携または融合による省資源・エネルギーにある。

（1）環境技術と情報通信技術の融合による低炭素社会の実現

「新たな情報通信技術戦略」（高度情報通信ネットワーク社会推進戦略本部）では，新市場の創出と国際展開に関連づけて，環境技術と情報通信技術の融合による低炭素社会の実現を掲げる。エネルギーのネットワークと情報通信技術の融合によるスマートグリッドを，国内外で推進するとしている。また，情報通信技術を活用した住宅・オフィスの省エネ化，高度道路交通システム（Intelligent Transport Systems：ITS）による人やモノの移動のグリーン化，情報通信技術を活用した，あるいは情報通信技術分野の環境負荷軽減を実現する新技術の開発，標準化，普及などの推進を提言する。また，上記検討と連携しつつ，家庭，オフィスの省エネ型の情報通信技術機器などの早期実用化・普及を図るとする。

そして，リアルタイムの自動車走行（プローブ）情報を含む広範な道路交通情報を集約・配信し，道路交通管理にも活用するグリーンITSを推進する。情報通信技術を用いたゼロエネルギー住宅を標準的な新築住宅で，ゼロエネルギーオフィスをすべての新築公共建築物で，それぞれ実現することなどにより，家庭および業務部門において，CO_2の排出を削減することを可能とする。また，ITSなどを用いて，全国の主要道における交通渋滞を減らし，自動車からのCO_2の排出削減を加速するとする。

（2）情報通信技術の利活用による低炭素社会の実現

「地球温暖化問題への対応に向けたICT政策に関する研究会報告書」では，「経済成長と利便性の向上を追求しつつ地球温暖化問題へ積極的に貢献できるICT」というコンセプトを掲げる。ICTの利活用による低炭素社会の実現という観点から，さまざまな分野の社会システムについてICT化を推進し，低炭素型都市モデルの構築を進めるべきとする。企業におけるICTによる環境に配慮した取り組みや，家庭における消費電力の「見える化」などを推進するための支援措置の検討を挙げる。

ところで，上記で取り上げるセンサーネットワーク，リモートセンシング，GPS，ITSは，情報通信技術として革新性を必要とするものとはいえない。すなわち，低炭素社会を実現するためには，技術的な課題というよりも，政策的な面が重要になる。上記の理論的な背景には，自然資源効率性の観点があるだろう。それは，製品（財産）の所有から利用という考え方に共通する。製品は，レンタルによって利用することになる。自然資本に基づくエネルギー・自然資源効率性による社会経済システムの構築が指向される。ここで，資源生産性の根本的改善は，価値連鎖（バリューチェーン）の一端で資源の枯渇を遅らせ，他端で汚染を減少させるものである。そこでは，廃棄物という概念の消去，産業システムの仕組みとして，生物を模倣したプロセスに再デザイン，閉じたサイクルの中での原材料の絶えることのない再利用（循環サイクル）の観点を持つ。そのシステム全体の最適化あるいは満足化によるコスト障壁の飛び越えは，すでに持っている知識の並び替えによる新しいパターンの創出に基づくものである。

さらに自然資源効率性の理論の背景は，ビジネスモデル特許でもある「トヨタかんばん方式」のむだを省いた効率性にある。そのトヨタかんばん方式は，ジャストインタイム（JIT）と言い換えられ，サプライチェーンマネジメントとして広まることになる。また，自然資源効率性は，石油資源の枯渇や公害問題に対処するためのソフトエネルギーパス，すなわち太陽光や風力などのクリーンエネルギーの利活用に関連する。しかし，それらクリーンエネルギーは発電量が天候によって影響を受ける。その短所を補塡（ほてん）するのがスマートグリッドと呼ばれるものになっている。

新たな情報通信技術戦略として，2 つのアプローチがある。一つは電力系のスマートグリッドが ICT によるグリーン化になり，もう一つは ICT が用いる電力エネルギー削減が ICT そのもののグリーン化になる。

4．情報通信法

情報通信法は，放送と通信の連携・融合の観点から，情報通信ネットワークに関わる法制の体系化にある。それは，その情報通信ネットワークで流通し利用されるユビキタスネット環境における情報（コンテンツ）の権利に対する検討も含まれる。また，そのユビキタスネット環境と協調する情報通信技術が生み出した人工物に対する社会環境の法制が地球環境の観点から整備されていよう。

（1）ユビキタスネット環境の法制

高度情報通信ネットワーク社会の形成に関する施策を迅速かつ重点的に推進することを目的に，高度情報通信ネットワーク社会形成基本法が施行されている。これは，情報通信技術の活用により世界的規模で生じている急激かつ大幅な社会経済構造の変化に適確に対応することの緊要性に考慮した対応である。ここで，「高度情報通信ネットワーク社会」とは，インターネットなどを通じて自由かつ安全に多様な情報または知識を世界的規模で入手し，共有し，または発信することにより，あらゆる分野における創造的かつ活力ある発展が可能となる社会をいう。

高度情報通信ネットワーク社会の形成の意義は，すべての国民が情報通信技術の恵沢をあまねく享受できる社会を実現することにある。それは，すべての国民が高度情報通信ネットワークを容易にかつ主体的に利用する機会を有し，その利用の機会を通じて個々の能力を創造的かつ最大限に発揮することが可能となることによっている。

そのための基本的視点は，電子商取引を促進し，新規事業を創出し，低廉・多様な情報サービスの提供や地域における就業機会の創出，多様な交流機会の増大，デバイド対策，雇用など新たな課題への対応がある。その施策の基本方針は，世界最高水準の高度情報通信ネットワークの形成，公正な競争の促進，コンテンツの充実，情報活用能力の習得の一体的推進がある。

放送と通信の融合という新たな展開に対して，情報通信に関する法制度が検討されている。その情報通信政策の中で，情報通信審議会への「通信・放送の総合的な法体系の在り方」の諮問（平成20年2月15日付け諮問第14号）がなされている。この情報通信法の将来的な課題として，著作権法などの既存法についても，「包括的なユビキタスネット法制」として再設計する可能性について議論すべきとの指摘がある。

通信と放送に関する法制度の抜本的な再編は，伝送インフラ，伝送設備，コンテンツにくくられる。伝送インフラは，放送法，有線テレビジョン放送法，有線ラジオ放送法，有線放送電話法，電気通信事業法，電気通信役務利用放送法にくくられる。伝送設備は，電波法（無線）と有線電気通信法（有線）が関係する。コンテンツは，通信の秘密と著作権（公衆送信権）と関連し，プロバイダ責任制限法，特定電子メール法，青少年ネット規制法に関係する。

情報通信審議会からの「通信・放送の総合的な法体系の在り方」の答申（平成21年8月26日〈平成20年諮問第14号〉答申）では，伝送サービス規律の再編は電気通信事業法を核として制度の大くくり化を図り，コンテンツ規律の基本的な考え方は現行の放送法を核として放送関連4法の制度の大くくり化を図ることが適当とする。そして，公然性を有する情報通信コンテンツ，すなわちオープンメディアコンテンツは，違法または有害な情報対策については，青少年インターネット環境整備法に基づく取り組みを進めることとし，その結果を踏まえることが適当としている。そのためには，情報公開法制，個人情報保護法制，知的財産法制を横断する検討が必要になる。

（2）社会環境の法制

人間と情報の関係からのユビキタスネット環境の法制は，人間と環境の関係へ延長したとらえ方が社会環境の法制になる。この観点から，環境汚染や環境保全のための社会システムが必要である。それは，持続可能な発展，すなわちリサイクルによる循環型社会が指向される。

循環型社会は，循環型社会形成推進基本法では，製品が廃棄物となることが抑制されるという資源生産性を高め，循環的な利用の有無による環境効率を考慮し，環境負荷ができる限り低減される社会をいう。循環型社会を形成するために必要な取り組みであるリデュース（Reduce；廃棄物の発生抑制），リユース（Reuse；再使用），リサイクル（Recycle；再資源化）は，3R と表記される。

資源の有効な利用の促進に関する法律（資源有効利用促進法）と家電リサイクル法の関連では，使用済み小型家電からのレアメタルの回収および適正処理に関する検討がなされている。

ユビキタス環境の法制と社会環境の法制は，直接に関連づけられることは想定しうるものではないが，環境アセスメントに関わる環境情報の公開などにおいては，情報公開法制と関わるものといえるだろう。また，ライフサイクルアセスメント（Life Cycle Assessment : LCA）は，環境技術と情報通信技術が融合する対象に適用される基底になる。ここに，ユビキタスネット環境と社会環境とが調和と循環の理念で協調する法制が指向されてこよう。

5. おわりに

情報技術（情報通信技術），情報通信政策，情報通信法制は，西欧の技術情報やシステムを導入して進められてきた。ところが，情報技術（情報通信技術）や情報通信政策は，東アジアが先んじることも増えている。また，文化の多様性や地理的な差異の観点からは，東アジアの情報通信法制の優位性もあるだろう。したがって，情報技術（情報通信技術），情報通信政策，情報通信法制は，日欧米の観点だけでなく，日中韓やアジアの関係を考慮していくことが持続可能な情報社会を目指していくためには重要となっている。

最後に，リチャード・ドーキンスは，ミーム（meme）という言葉を創造している。それは，文化を形成するさまざまな情報であり，人々の間で心（mind）から心へと伝達や複製をされる情報の基本単位を表す概念である。ミームは，文化の伝達や複製の基本単位という概念を意味する。このような観点から，情報通信技術（ICT）の進歩が社会，経済，産業，科学研究，医療，政治，地方自治，生活，コミュニケーション，国際関係などにもたらしている変化を確認し，人間の幸福に資する技術発展のあり方の理解のもとに，情報社会の将来を展望することが可能になるだろう。

引用・参考文献

(1) 総務省「地球温暖化問題への対応に向けたICT政策に関する研究会報告書」2008年（http://www.soumu.go.jp/main_sosiki/joho_tsusin/policyre ports/chousa/ict_globalwarming/pdf/0804_h1.pdf）
(2)「新たな情報通信技術戦略」高度情報通信ネットワーク社会推進戦略本部，2010年（http://www.kantei.go.jp/jp/singi/it2/100511honbun.pdf）
(3) Paul Hawken, Amory B. Lovins, and L. Hunter Lovins, *Natural Capitalism : Creating The Next Industrial Revolution*, Earthscan, London (1999)，ポール・ホーケン，エイモリ・B・ロビンス，L・ハンター・ロビンス，佐和隆光 監訳，小幡すぎ子 訳『自然資本の経済──「成長の限界」を突破する新産業革命』日本経済新聞社，2001年
(4)「通信・放送の総合的な法体系の在り方〈平成20年諮問第14号〉答申」情報通信審議会（http://www.soumu.go.jp/main_content/000035773.pdf）

(5) Richard Dawkins, *The Selfish Gene new edition*, Oxford University Press (1989), リチャード・ドーキンス，日高敏隆・岸 由二・羽田節子・垂水雄二 訳『利己的な遺伝子』紀伊國屋書店，1991 年

学習課題

(1) 地球環境問題を解決する情報技術（情報通信技術）を調べてみよう。

(2) 地球温暖化問題に対応する情報通信政策を調べてみよう。

(3) 情報通信に関わる法規の動向について調べてみよう。

索 引

●配列は五十音順，＊は人名を示す。

分担執筆者紹介

（執筆の章順）

今川　拓郎（いまがわ・たくお）

・執筆章→ 4・5

1966 年　兵庫県に生まれる
1984 年　静岡県立清水東高校卒業
1988 年　東京大学教養学部卒業
1990 年　同大学院総合文化研究科広域科学専攻修了（学術修士）
1990 年　郵政省入省
1997 年　ハーバード大学経済学博士（Ph.D.）
2000～03 年　大阪大学大学院国際公共政策研究科助教授
現在　総務省大臣官房長（2022 年～）
専攻　情報経済学，産業組織論，都市経済学など
主な著書　*Economic Analysis of Telecommunications, Technology, and Cities in Japan*（Taga Press）
『高度情報化社会のガバナンス』（NTT 出版，共著）
『デフレ不況の実証分析――日本経済の停滞と再生』（東洋経済新報社，共著）

下條　真司（しもじょう・しんじ）

・執筆章→ 6・11・12

1958 年　東京都に生まれる
1986 年　大阪大学大学院基礎工学研究科物理系専攻修了（工学博士）
1989 年　大阪大学大型計算機センター講師
1991 年　大阪大学大型計算機センター助教授
1998 年　大阪大学大型計算機センター教授
2000 年　大阪大学サイバーメディアセンター教授，副センター長
2005 年　大阪大学サイバーメディアセンター教授，センター長
2008 年　4 月から 3 年間，情報通信研究機構大手町ネットワーク研究統括センター　センター長，上席研究員
2011 年　4 月から大阪大学サイバーメディアセンター教授，情報通信研究機構テストベッド研究開発推進センター　センター長
現在　大阪大学サイバーメディアセンター教授
専攻　コンピュータネットワーク
主な著書　『情報通信概論』（オーム社）

國領　二郎（こくりょう・じろう）

・執筆章→9・10

1959年　米国ニューヨーク州に生まれる
1982年　東京大学経済学部経営学科卒業
1992年　ハーバード大学経営学博士
現在　慶應義塾大学総合政策学部教授
専攻　経営情報システム
主な著書　『サイバー文明論』（日本経済新聞社）
『オープン・アーキテクチャ戦略』（ダイヤモンド社）
『オープン・ネットワーク経営』（日本経済新聞社）

編著者紹介

児玉　晴男（こだま・はるお）

・執筆章→1・7・13・14・15

1952年　埼玉県に生まれる
1976年　早稲田大学理工学部卒業
1978年　早稲田大学大学院理工学研究科博士課程前期修了
1992年　筑波大学大学院修士課程経営・政策科学研究科修了
2001年　東京大学大学院工学系研究科博士課程修了
現在　放送大学特任教授・博士（学術，東京大学）
　　　山東大学法学院客座教授
専攻　新領域法学・学習支援システム
主な著書　『情報と法』（放送大学教育振興会）
『先端技術・情報の企業化と法』（共著，文眞堂）
『知財制度論』（放送大学教育振興会）
『情報・メディアと法』（放送大学教育振興会）
『知的創造サイクルの法システム』（放送大学教育振興会）
『技術マネジメントの法システム』（編著，放送大学教育振興会）
『情報社会の法と倫理』（共編著，放送大学教育振興会）
『情報メディアの社会技術—知的資源循環と知的財産法制—』（信山社出版）
『情報メディアの社会システム—情報技術・メディア・知的財産—』（日本教育訓練センター）
『ハイパーメディアと知的所有権』（信山社出版）

小牧　省三（こまき・しょうぞう）

・執筆章→2・3・8

1947年　大阪府に生まれる
1970年　大阪大学工学部通信工学科卒業
1972年　大阪大学大学院工学研究科通信工学専攻修士課程修了
1972年　日本電信電話公社（現NTT）電気通信研究所
1983年　工学博士（大阪大学）
1990年　NTT退社 大阪大学大学院工学研究科助教授
1992年　大阪大学大学院工学研究科教授
2012年　マレーシア工科大学 日本マレーシア国際工科院　教授（2015年退職）
2012年　大阪大学名誉教授
専攻　情報通信工学，ワイヤレスネットワーク工学
主な著書　『Microwave Digital Radio』（IEEE Press）
『Radio on Fiber Technologies for Mobile Communications Networks』（Artech House）
『ディジタル移動通信（訳）』（科学技術出版）
『無線LANとユビキタスネットワーク』（丸善）
『ワイヤレスエージェント技術』（丸善）

放送大学教材　1847562-1-1511（テレビ）

改訂版　進化する情報社会

発　行　2015年3月20日　第1刷
　　　　2023年3月20日　第5刷
編著者　児玉晴男・小牧省三
発行所　一般財団法人　放送大学教育振興会
　　　　〒105-0001　東京都港区虎ノ門1-14-1　郵政福祉琴平ビル
　　　　電話　03（3502）2750

市販用は放送大学教材と同じ内容です。定価はカバーに表示してあります。
落丁本・乱丁本はお取り替えいたします。

Printed in Japan　ISBN978-4-595-31574-9　C1355